ELEMENTE
DER
FEUERUNGSKUNDE

VON

DR. HUGO HERMANN
EM. PRIVATDOZENT AN DER TECHN. HOCHSCHULE WIEN
PROFESSOR AN DER FACHSCHULE FÜR KERAMIK IN TEPLITZ-SCHÖNAU

MIT 26 FIGUREN

Springer-Verlag Berlin Heidelberg GmbH
1920

Ursprünglich erschienen bei Otto Spamer in Leipzig 1920

ISBN 978-3-662-33617-5 ISBN 978-3-662-34015-8 (eBook)
DOI 10.1007/978-3-662-34015-8

Meinem Lehrer

Herrn Hofrat Professor Hans v. Jüptner

in Dankbarkeit und Verehrung

gewidmet

Vorwort.

Hier diesen Ofen betreibe und betreue! Achte, daß er seinen Zweck erfüllt, und spare mit der Kohle!

Das ist die Aufgabe, die an Tausende herantritt, an den Töpfer, den Hüttenmann, den Werkmeister und Vorarbeiter, den Kaufmann, ja selbst an die Hausfrau und ihre Magd.

Bei ihr soll dieses kleine Buch helfen. Es sind da keine besonderen technisch-konstruktiven Kenntnisse notwendig, kaum mehr, als sich ein normal begabter Mensch mit seinen zwei Augen allein aneignen kann. Aber es gehört dazu ein feines Verständnis für alle Vorgänge im Ofen, ein Verständnis, das nur durch klare Vorstellungen erworben werden kann.

Dieses soll das Buch wecken. Es soll lehren, nicht nur mit den Augen, sondern auch mit dem Gehirn in den Ofen zu schauen.

Der Dampfkesselbetrieb ist einförmig gegenüber dem des Industrieofens. Dort kann man mit gewissen Regeln auskommen; hier aber muß man bald die Temperatur in engen Grenzen halten, bald sie bis an die Grenzen der Möglichkeit steigern. Das erfordert einen genauen Einblick in den Zusammenhang zwischen den gegebenen Verhältnissen und den sich daraus entwickelnden Wirkungen. Es war also die Hauptaufgabe der Darstellung, diese Verknüpfung so einfach vorzuführen, daß jeder Leser sie ohne große Mühe überblicken kann. Unsere Heizer und Brenner bedienen sich dazu vielfach ganz merkwürdiger Bilder und Regeln. Sollen diese durch wissenschaftlich begründete Gedankenreihen ersetzt werden, so wird man auf dieses Bedürfnis nach sinnlicher Vorstellbarkeit Rücksicht nehmen müssen.

Es wurde deshalb auf die Ausarbeitung eines Schaubildes, das alle maßgebenden Werte untereinander verknüpft, das größte Gewicht gelegt. Aber auch sonst sollte alles Gekünstelte möglichst vermieden werden. Deshalb sind im ganzen Buch alle Verbrennungen mit Luft durchgeführt und die theoretischen Werte der Verbrennung mit Sauerstoff kaum erwähnt. Es soll eben der Blick nur auf den vorliegenden Fall gelenkt und jedes Abschweifen vermieden werden. Es sind deshalb Bedingungen von untergeordneter Bedeutung, wie Schwefelgehalt des Brennstoffs, Feuchtigkeit der Luft usw., so gut wie ganz unterdrückt.

Die gesuchte Einfachheit der Darstellung konnte nur durch die ausschließliche Verwendung des chemischen Maßsystems, wie sie von Le Chatelier und v. Jüptner besonders vertreten worden ist, erreicht werden. Ich hoffe, daß mancher, der mit den Gasgewichten zu rechnen gewöhnt ist und die Leichtigkeit der Behandlung einer Frage in der hier gewählten Form sieht, sich bekehren lassen dürfte.

Ich weiß, daß das Buch einen Zwang für den Leser bedeutet. Es ist entstanden aus der doppelten Praxis des Hüttenbetriebes und der Schule, und ich schöpfe daraus die Zuversicht, daß es seinen Zweck erfüllen werde, zu dienen der Aufklärung des Betriebsmanns.

Teplitz, im März 1920.

Der Verfasser.

Inhaltsverzeichnis.

Chemie der Verbrennung.

Unter Verbrennung verstehen wir einen Vorgang, der stets mit Licht- und Wärmeerscheinungen verbunden ist. Er ist genauer bestimmt dadurch, daß er nur bei Zutritt von Luft vor sich gehen kann, und daß in seinem Verlauf ein Körper, der sog. Brennstoff, zerstört wird.

Zu genaueren Vorstellungen gelangen wir durch die Betrachtung der Verbrennung in einem vollkommen abgeschlossenen Raum. Wir können uns diese so durchgeführt denken, daß eine kleine Menge brennbaren Stoffes in einen ziemlich großen Glasballon gebracht worden sei, dessen Hals alsdann vor dem Gebläsefeuer abgeschmolzen und dadurch verschlossen worden wäre. In dem Ballon ist nun Luft und Brennstoff. Die Verbrennung kann mit Hilfe eines Brennglases eingeleitet werden. Auf Grund dieser Vorstellung gewinnen wir die Überzeugung, daß der für das Auge verschwundene Brennstoff tatsächlich nicht verlorengegangen sein kann, und da in dem Ballon nun nur Gase enthalten sind, so müssen wir schließen, daß die brennbare Substanz in diese Gase übergegangen ist. Diese Vermutung wird gestützt durch eine Tatsache, die durch vielfache und sehr genau durchgeführte Versuche erwiesen ist, nämlich die, daß bei allen Veränderungen, die in einem abgeschlossenen Raum durchgeführt werden, das Gewicht des Ganzen keine Änderung erleidet. Hätten wir also unseren Ballon gewogen, ehe wir die Verbrennung durchgeführt haben, und sein Gewicht nach vollzogener Verbrennung abermals bestimmt, so hätten wir beide Male dasselbe gefunden.

Um uns weitere Kenntnisse über die Verbrennung anzueignen, saugen wir (Fig. 1) die bei der Verbrennung verschiedener Stoffe — Holz, Kerze, Öllämpchen usw. — abziehenden Gase mit Hilfe einer Wasserstrahlpumpe *P* durch einen Trichter *T* und eine Flasche mit Kalkwasser *F* ab. Wir sehen dann, daß sich der Trichter mit Wassertropfen beschlägt, und daß das Kalkwasser getrübt wird. Nachdem die Luft allein diese Veränderungen nicht hervorruft, erkennen wir in ihnen Folgen der Verbrennung. Die Bildung von Wasser können wir im täglichen Leben oftmals beobachten. So beschlägt sich der Zylinder der Lampe, sobald wir ihn aufstecken; der Kochtopf mit kaltem Wasser zeigt auf dem Spirituskocher nach kurzer Zeit Tropfen an der Außenseite des Bodens und manchmal auch an den Wänden; ein Probierglas, in dem kaltes Wasser ist, gibt einen deutlichen Beschlag, sobald wir es in die blaue Flamme eines

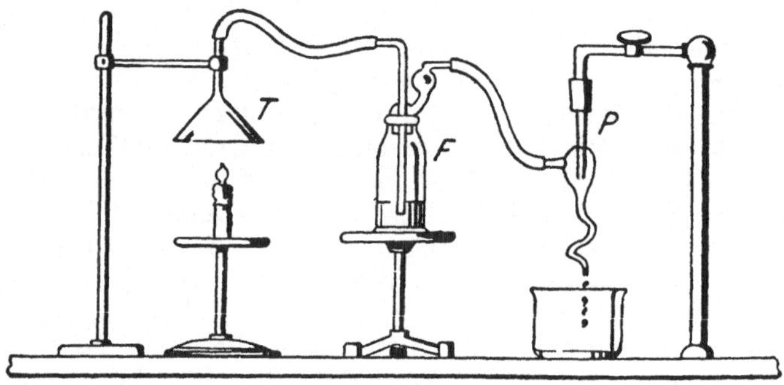

Fig. 1.

Gasbrenners bringen. Bei leuchtenden Flammen ist uns bei der Beobachtung die Rußbildung meist sehr im Wege. Wir können aber auch da das Wasser in den Verbrennungsgasen nachweisen, wenn wir sie, ähnlich wie es bei der Lampe durch den Zylinder geschieht, beisammenhalten und erst dort den kalten Körper, ein Glas oder einen Spiegel, in den abziehenden Gasstrom bringen, wo die Flamme nicht mehr sichtbar ist. Bei solchen Versuchen stoßen wir jedoch auf Stoffe, die wohl verbrennlich sind, aber keine Wasserbildung erkennen lassen, z. B. Holzkohle, Ruß, Koks. Bringen wir diese Körper im glühenden Zustand unter den Trichter unseres Apparates, so können wir die Trübung des Kalkwassers hervorbringen. Wir schließen daraus: Es gibt Brennstoffe, die Wasser bei der Verbrennung bilden und deren Verbrennungsprodukte Kalkwasser trüben. Es gibt aber auch solche, bei denen die Wasserbildung ausbleibt. Es sind sohin diese beiden Erscheinungen voneinander unabhängig, und wir müssen für jede derselben eine besondere Ursache annehmen.

Wir betrachten deshalb zunächst nur Stoffe, die die Trübung des Kalkwassers zeigen, ohne daß Wasserbildung auftritt. Wir vertauschen bei unserem Apparat die Flasche gegen eine andere, die außer Wasser noch ein paar Tropfen einer Lösung von Lackmustinktur enthält. Die Flüssigkeit erscheint zunächst blau. Saugen wir Luft durch, so ändert sie die Farbe nicht. Bringen wir aber glühende Holzkohle oder Koks unter den Trichter, so geht die Farbe allmählich in lila und schließlich in rot über. Der Chemiker sagt nun, daß alle Stoffe, welche diesen Farbenübergang hervorrufen, sauer sind. Der Stoff, der sich beim Verbrennen der Holzkohle entwickelt und unsere Lösung verändert hat, wird deshalb Kohlensäure genannt. Von ihr wissen wir bisher, daß sie ein Gas ist, das Kalkwasser trübt und saure Reaktion (Farbenübergang von blau in rot) zeigt.

Fig. 2.

Wir werfen nun die Frage auf: Gibt es auch Stoffe, die bei der Verbrennung wohl Wasser, aber keine Kohlensäure entwickeln? Es ist ein solcher Stoff bekannt. Er kommt allein allerdings nicht vor, wir müssen ihn uns erst erzeugen. Er entsteht als Gas, wenn wir metallisches Zink oder Eisen mit Salz- oder Schwefelsäure übergießen. Dieses Gas ist viel leichter als Luft, brennt mit nicht leuchtender blauer Flamme und gibt beim Verbrennen Wasser und sonst nichts. Es führt den Namen Wasserstoff.

Durch diese Versuche kommen wir zu der Überzeugung, daß zwischen dem verbrennenden Körper und den Produkten der Verbrennung, der Kohlensäure und dem Wasserdampf, ein Zusammenhang besteht. Wir drücken das so aus, daß wir sagen: Aus Holzkohle, Koks, Ruß entsteht bei der Verbrennung Kohlensäure, aus Wasserstoff unter denselben Verhältnissen Wasser. Wir können aber nun den Satz auch umkehren und sagen: Wenn wir in den Verbrennungsgasen Kohlensäure finden, so muß etwas Ähnliches wie Holzkohle, Koks usw. verbrannt worden sein. Dieser Satz stimmt aber nicht so ganz. Denn wir finden Kohlensäure auch in den

Verbrennungsgasen der Kerze, des Petroleums usw. Immerhin werden wir die gleiche Wirkung auch von der gleichen Ursache erwarten und helfen uns da einstweilen so, daß wir sagen: Wir geben allen Stoffen, welche bei der Verbrennung Kohlensäure liefern, den gemeinsamen Namen Kohlenstoff. Weil Holzkohle, Koks usw. nur Kohlensäure geben, sagen wir, sie bestehen, abgesehen von der Asche, aus reinem Kohlenstoff. Alle Stoffe, die beim Verbrennen Wasser geben, nennen wir Wasserstoff. Es ist nur ein Körper, das erwähnte Gas, bekannt, das nur Wasser bildet, es heißt Wasserstoff und besteht nur aus diesem. Nun gibt es aber viele Körper, die sowohl Wasser als auch Kohlensäure geben: die Kerze, das Holz usw. Von diesen nehmen wir an, daß sie Kohlenstoff und Wasserstoff enthalten. Wie das zugeht, daß z. B. in der Kerze der gasförmige Wasserstoff und der scheinbar schwarze Kohlenstoff enthalten sind, darüber können wir uns vorläufig keine genaueren Vorstellungen machen. Wir drücken das dadurch aus, daß wir sagen, der Kohlenstoff und der Wasserstoff liegen hier als Verbindung vor.

Wir haben aus dem Experiment mit dem Glasballon gesehen, daß der Brennstoff eigentlich nicht so ganz verschwindet, da immerhin sein Gewicht nicht verloren geht, und fragen jetzt, ob der Kohlenstoff nicht etwa noch in der Kohlensäure, der Wasserstoff nicht im Wasser enthalten sei, etwa in ähnlich versteckter Form wie in der Kerze oder im Holz. Tatsächlich können wir durch geeignete Experimente aus Kohlensäure Kohlenstoff in Form von Ruß, aus Wasserdampf Wasserstoff abscheiden. Es gehen also diese Stoffe bei der Verbrennung nicht wirklich verloren, sie bilden bei diesem Prozeß Verbindungen.

Wir haben bisher den Anteil der Luft an den Vorgängen der Verbrennung nicht berücksichtigt. Genauere Versuche zeigen uns, daß sowohl bei der Bildung der Kohlensäure als auch bei der des Wassers ein Teil der Luft verschwindet. Dieses Resultat ist zu erwarten: denn da sie zur Verbrennung ebenso notwendig ist wie der Brennstoff selbst, so wird sie wohl ähnlichen Veränderungen unterworfen werden wie dieser. Verbrennen wir nun irgend einen Stoff mit einer begrenzten Menge Luft und schaffen die dabei gebildete Kohlensäure und das Wasser weg, so verbleibt uns immer ein Rest, der etwa $^4/_5$ der aufgewendeten Luftmenge beträgt. Dies läßt sich leicht in der in Fig. 2 gezeichneten Art — wenn auch nur ziemlich ungenau — zeigen[1]).

Es verbleibt also vom Brennstoff die Asche, von der Luft ein Gas. Und ebenso wie wir die Asche als unverbrennlich erkennen und nur als zufällige Beimischung des Brennstoffes ansehen, so denken wir uns auch die Luft aus zwei Bestandteilen gemischt, von denen nur einer an der Verbrennung Anteil hat, während der zweite bei ihr keine Rolle spielt. Wir drücken das dadurch aus, daß wir sagen: Die Luft besteht zu etwa $^1/_5$ aus Sauerstoff und etwa $^4/_5$ aus Stickstoff. Der Sauerstoff ist ein Gas, das bei der Verbrennung verbraucht wird. Der Stickstoff ist auch ein Gas; er nimmt aber an der Verbrennung nicht teil. Darum muß er dabei übrigbleiben, und darum kann in ihm keine weitere Verbrennung stattfinden; sie erstickt, daher Stickstoff.

Wir sind imstande, reinen Sauerstoff künstlich zu erzeugen, und sehen, daß in ihm die Verbrennung viel lebhafter vor sich geht. Wir können jedoch aus diesen Beobachtungen keine neuen Aufschlüsse gewinnen.

Wollen wir die Vorgänge der Verbrennung genauer beschreiben, so müssen wir sie auch messend verfolgen. Nachdem die Kohlensäure und das Wasser immer genau dieselben Eigenschaften zeigen, gleichgültig aus welchen Brennstoffen und unter welchen Umständen sie bei der Verbrennung entstanden sind, so können wir uns nicht vorstellen, daß bei ihrer Entstehung bald mehr, bald weniger Sauerstoff beteiligt gewesen sei. Es wird also für die Verbrennung einer bestimmten Menge Kohlenstoff oder Wasserstoff auch immer eine ganz bestimmte Menge Sauerstoff notwendig sein. Diese Mengenverhältnisse sind mit großer Genauigkeit durch vielfache Versuche festgestellt worden.

Auf Grund dieser Messungen könnten wir nun angeben, wieviel Gramm oder Liter Sauerstoff für die Verbrennung von 1 g Kohlenstoff notwendig sind. Ähnlich könnten wir das für Wasserstoff, Schwefel usw. aufschreiben. Wir brauchten dann für jede chemische Veränderung mindestens eine

---

[1]) Die Kerze steht auf einem Kork, so daß sie auf dem Wasser schwimmt. Nachdem sie entzündet worden ist, stülpt man rasch ein Glas darüber. Wartet man ab, bis sie erloschen ist und das Glas wieder die gewöhnliche Temperatur angenommen hat, so sieht man, daß etwa $^1/_5$ des Luftvolumens fehlt.

Zahl, und da dieser Veränderungen sehr viele bekannt sind, so würde dieses Zahlenmaterial ein sehr umfangreiches sein. Es zeigt sich nun, daß man mit sehr wenigen Zahlen auskommt, wenn man sich nicht immer auf 1 g bezieht, sondern für jeden Stoff eine besondere Menge als Einheit wählt. Diese Mengen sind in einer Tabelle, der sog. Atomgewichtstabelle, zusammengestellt und werden mit Abkürzungen bezeichnet, die sich in derselben Tabelle vorfinden. So steht

Atomgewichte der wichtigsten Elemente.

Name	Symbol	At.-G.	Name	Symbol	At.-G.
Aluminium	Al	27,1	Magnesium	Mg	24,32
Antimon	Sb	120,2	Mangan	Mn	54,93
Arsen	As	74,96	Natrium	Na	23,00
Barium	Ba	137,37	Nickel	Ni	58,68
Blei	Pb	207,20	Phosphor	P	31,04
Brom	Br	79,92	Palladium	Pd	106,7
Chlor	Cl	35,46	Platin	Pt	195,2
Chrom	Cr	52,0	Quecksilber	Hg	200,6
Eisen	Fe	55,84	Sauerstoff	O	16,00
Fluor	F	19,0	Silber	Ag	107,88
Gold	Au	197,2	Silizium	Si	28,3
Jod	J	126,92	Stickstoff	N	14,01
Kadmium	Cd	112,40	Wasserstoff	H	1,008
Kalium	K	39,10	Wolfram	W	184,0
Kalzium	Ca	40,07	Zink	Zn	65,37
Kohlenstoff	C	12,005	Zinn	Sn	118,7

bei Kohlenstoff das Zeichen C und die Zahl 12. Wir werden deshalb im folgenden unter C immer 12 g Kohlenstoff verstehen. Verbrennen wir diese 12 g — etwa Holzkohle — mit geradesoviel Sauerstoff, daß weder von der Kohle noch vom Sauerstoff etwas übrigbleibt, so finden wir, daß wir 32 g Sauerstoff verbraucht haben. In unserer Tabelle findet sich bei Sauerstoff das Zeichen O und die Zahl 16; wir werden deshalb für die 32 g Sauerstoff 2 mal O zu schreiben haben. Es zeigt sich nun, daß wir durch glückliche Wahl unserer Bezeichnungsweise, dort wo es sich um Gase handelt, aber nur bei diesen, durch ein Zeichen nicht nur das Gewicht, sondern auch das Volumen ausdrücken können. Es läßt sich nämlich das Gewicht von 22,4 l jedes Gases in einen einfachen Zusammenhang mit den Zahlen der Atomgewichtstabelle bringen. Man ist deshalb übereingekommen, bei

Gasen die Zeichen so zu schreiben, daß sie nach dem Einsetzen der Zahlen aus der Atomgewichtstabelle gerade angeben, wieviel Gramm 22,4 l des Gases wiegen. Nun ist der Sauerstoff ein Gas, 22,4 l davon wiegen 32 g. Wir haben also das Zeichen für Sauerstoff so zu wählen, daß es bloß ein Zeichen vorstellt, aber 2 mal O ausdrückt, und schreiben deshalb $\mathbf{O_2}$.

Wir denken uns nun 12 g Kohlenstoff und die zu ihrer Verbrennung notwendigen 32 g Sauerstoff in einem zugeschmolzenen Glasballon und führen die Verbrennung durch. Nachdem weder etwas hinzugekommen ist, noch weggegangen sein kann, so hat sich das Gewicht nicht geändert. Wir wissen aber, daß nun in dem Ballon nicht mehr Kohlenstoff und Sauerstoff, sondern nur Kohlensäure enthalten ist. Diese muß demnach das Gewicht von 12 + 32 = 44 g haben. Nun wiegen 22,4 l Kohlensäure 44 g; wir werden deshalb ein Zeichen suchen müssen, das uns unter Zuhilfenahme der Atomgewichtstabelle 44 g bedeutet. Dieses Zeichen ist $\mathbf{CO_2}$. Schreiben wir also:

$$C + O_2 = CO_2, \qquad \text{Gleichung (1)}$$

so haben wir dadurch in unseren Zeichen nicht nur ausgedrückt, daß aus Kohlenstoff und Sauerstoff Kohlensäure geworden ist, sondern wir haben diesen Vorgang, sowohl den dabei vorkommenden Gewichtsmengen nach, als auch nach den ins Spiel tretenden Voluminen, vollkommen beschrieben.

Beispiele:

1. Wieviel Gramm Kohlensäure entstehen bei der Verbrennung von 10 g Kohlenstoff?

Gl. (1) sagt aus, daß aus 12 g C 44 g CO_2 entstehen, weil C uns 12 g Kohlenstoff bedeutet, CO_2 aber $12+(2\times 16)$ g Kohlensäure vorstellt.

$$12 \text{ g C geben} \quad 44 \text{ g } CO_2,$$

$$1 \text{ g C gibt} \quad \frac{44}{12} \text{ g } CO_2,$$

$$10 \text{ g C geben} \quad \frac{44\times 10}{12} \text{ g } CO_2, \text{ d. i. } 36{,}7 \text{ g}.$$

2. Wieviel Gramm Sauerstoff brauchen wir zur Verbrennung von 10 g Kohlenstoff?

3. Wieviel Gramm Kohlenstoff können wir mit 10 g Sauerstoff verbrennen?

4. Wieviel Liter Kohlensäure entstehen bei der Verbrennung von 10 g Kohlenstoff?

Gl. (1) sagt, daß aus 12 g C bei der Verbrennung 22,4 l CO_2 entstehen, weil CO_2 das Zeichen für ein Gas ist, das nach unseren Vereinbarungen immer die Menge von 22,4 l bedeuten soll.

$$12 \text{ g C geben} \quad 22{,}4 \text{ l } CO_2,$$

$$1 \text{ g C gibt} \quad \frac{22{,}4}{12} \text{ l } CO_2,$$

$$10 \text{ g C geben} \quad \frac{22{,}4 \times 10}{12} \text{ l } CO_2, \text{ d. i. } 18{,}67 \text{ l.}$$

5. Welches Gewicht hat 1 l Sauerstoff?

6. Welches Gewicht hat 1 l Kohlensäure?

7. Wieviel Liter Sauerstoff brauchen wir zur Verbrennung von 10 g Kohlenstoff?

8. Wieviel Gramm Kohlenstoff sind zur Bildung von 10 l Kohlensäure notwendig?

9. Wieviel Gramm Kohlenstoff können wir mit 10 l Sauerstoff verbrennen?

In Wirklichkeit verbrennen wir die Brennstoffe nie mit Sauerstoff, sondern mit Luft. Wir werden diesem Umstand auch in unserer Gleichung Rechnung tragen müssen. In der Luft ist Stickstoff enthalten. Für diesen finden wir das Zeichen N und die Zahl 14. Nun wiegen 22,4 l Stickstoff 28 g. Wir werden deshalb für Stickstoff das Zeichen N_2 schreiben. In 100 l Luft sind 20,93 l Sauerstoff und 79,07 l Stickstoff enthalten. Auf 1 l Sauerstoff der Luft kommen somit 3,78 l Stickstoff. Neben 22,4 l Sauerstoff treten also immer 3,78mal 22,4 l Stickstoff auf und unser Zeichen für Luft wird deshalb $O_2 + 3{,}78\, N_2$ sein. Für schätzungsweises und vergleichsweises Rechnen können wir uns oft auch der runden Zahl 4 bedienen und würden dann für Luft schreiben $O_2 + 4\, N_2$.

Unsere Gleichung (1) geht nun über in die Gleichung:

$$C + O_2 + 3{,}78\, N_2 = CO_2 + 3{,}78\, N_2 \qquad (2)$$

oder

$$C + O_2 + 4\, N_2 = CO_2 + 4\, N_2. \qquad (2a)$$

Beispiele:

10. Wie schwer ist 1 l Luft?

22,4 l O_2 und 3,78 mal 22,4 l N_2 bilden 4,78 mal 22,4 l Luft. 4,78 mal 22,4 l Luft wiegen demnach $32 + (3{,}78 \times 28) = 137{,}8$ g.

107,0 l Luft wiegen 137,8 g

1 l Luft wiegt $\frac{137{,}8}{107{,}6}$ g, d. i. 1,29 g.

11. Wieviel Luft brauchen wir zur Verbrennung von 10 g Kohlenstoff?

12 g C brauchen zur Verbrennung $4{,}78 \times 22{,}4 = 107{,}0$ l Luft

1 g C braucht zur Verbrennung $\frac{107{,}0}{12}$ l Luft

10 g C brauchen zur Verbrennung $10 \times \frac{107{,}0}{12}$ l Luft

d. i. 89,2 l.

12. Wieviel Liter Rauchgase erhalten wir beim Verbrennen von 10 g Kohlenstoff mit Luft?

13. Wieviel Gramm Kohlenstoff können wir mit 1 cbm Luft verbrennen?

Wir haben aber in Wirklichkeit auch nie reinen Kohlenstoff vorliegen. Wieviel Kohlenstoff und wieviel von den anderen Bestandteilen in einem Brennstoff enthalten sind, gibt uns der Chemiker in Form der sog. Analyse an. Die dort als Prozente ausgewiesenen Zahlen bedeuten, wieviel Gramm der einzelnen Stoffe in 100 g des Brennstoffes enthalten sind. So lautet beispielsweise eine Analyse für Koks:

Kohlenstoff	90%
Feuchtigkeit (Wasser)	2%
Asche	8%

Beispiele:

14. Wieviel Gramm Kohlensäure entstehen bei der Verbrennung von 10 g Koks?

100 g Koks enthalten 90 g C
10 g Koks enthalten 9 g C.

Diese geben 33 g Kohlensäure (siehe Beispiel 1).

15. Wieviel Gramm Koks können wir mit 10 g Sauerstoff verbrennen? (Siehe Beispiel 3.)

16. Wieviel Liter Kohlensäure entstehen bei der Verbrennung von 10 g Koks? (Beispiel 4).

17. Wieviel Gramm Koks sind zur Bildung von 100 l Kohlensäure notwendig? (Beispiel 8.)

18. Wieviel Liter Luft brauchen wir zur Verbrennung von 10 g Koks? (Beispiel 11.)

19. Wieviel Rauchgas erhalten wir bei der Verbrennung von 10 g Koks mit Luft? (Beispiel 12.)

20. Wieviel Koks können wir mit 1 cbm Luft verbrennen? (Beispiel 13.)

Die Resultate der Beispiele 18—20 entsprechen nicht vollkommen der Wirklichkeit. Es gelingt uns nie, alle in eine Feuerung eintretende Luft mit dem Brennstoff in Berührung zu bringen. Daher kommt es, daß wir stets mehr Luft, als sich aus der Rechnung ergibt, in den Ofen einführen müssen, obwohl dieser Überschuß dann wieder unverändert aus der Feuerung austritt. Wir setzen die wirklich verwendete Luftmenge ins Verhältnis zu der theoretisch errechneten und sagen, wir haben mit der doppelten, dreifachen, vierfachen usw. Luftmenge verbrannt. Oftmals aber sprechen wir nur vom Luftüberschuß und würden dann die vorstehend bezeichneten Verhältnisse als Verbrennung mit dem einfachen, doppelten, dreifachen usw. Luftüberschuß ansprechen.

Beispiele:

21. Wieviel Liter Luft brauchen wir zur Verbrennung von 10 g Koks bei einfachem Luftüberschuß?

Beispiel 18 ergibt als theoretisch notwendige Luftmenge für 10 g Koks das Volumen von 80,3 l. Beim Verbrennen mit einfachem Luftüberschuß muß die doppelte Luftmenge, das ist 160,6 l, verwendet werden.

22. Wieviel Liter Luft brauchen wir zur Verbrennung von 10 g Koks mit der $2^1/_2$fachen Luftmenge?

23. Wieviel Liter Kohlensäure, Sauerstoff, Stickstoff erhalten wir beim Verbrennen von 10 g Koks mit dem doppelten Luftüberschuß?

24. Die Analyse einer Braunkohle lautet:

Feuchtigkeit	25,50%
Kohlenstoff	50,12%
Wasserstoff	4,06%
Sauerstoff	13,14%
Stickstoff	0,65%
Asche	5,55%

a) Wieviel Gramm CO_2 entstehen bei der Verbrennung von 100 g dieser Kohle?

b) Wieviel Liter CO_2 entstehen bei der Verbrennung von 100 g dieser Kohle?

Verbrennung des Wasserstoffes. Der Wasserstoff ist ein Gas, von welchem 22,4 l 2 g wiegen. In der Atomgewichtstabelle finden wir bei Wasserstoff das Zeichen H und die Zahl 1. Wir werden deshalb für gasförmigen Wasserstoff das Zeichen H_2 schreiben. Beim Verbrennen des Wasserstoffes mit Sauerstoff wird für zwei Raumteile Wasserstoff ein Raumteil Sauerstoff benötigt. Gehen wir auf unser Normalvolumen von 22,4 l über, so werden wir sagen 44,8 l reines Wasserstoffgas brauchen 22,4 l Sauerstoff. Setzen wir dafür unsere Zeichen, so müssen wir schreiben: $2\,H_2 + O_2 =$ Wasser. Beachten wir auch noch, daß unsere Zeichen bestimmte Gewichte bedeuten, und daß bei der Verbrennung das Gewicht sich nicht ändert, so finden wir, daß $4 + 32 = 36$ g Wasser dabei entstehen. Wir haben uns jetzt noch ein Zeichen für das Wasser zu bilden. Es kommt uns dabei zugute, daß das flüssige Wasser sich bei 100° C in ein Gas, den Wasserdampf, verwandelt. Wir denken uns also die Verbrennung so durchgeführt, daß der Wasserstoff und der Sauerstoff vorerst auf 100° C erwärmt worden sind und nun Wasserdampf von 100° C bilden. Wir müssen dabei freilich berücksichtigen, daß bei der Erwärmung die Gase sich ausdehnen, so daß unsere 22,4 l bei der Temperatur von 100° C schon das Volumen von 30,5 l einnehmen. Es verbrennen also 61 l Wasserstoff von 100° C und 30,5 l Sauerstoff von derselben Temperatur zu Wasserdampf, der nach den Messungen gerade 61 l ausmacht. Wir schreiben deshalb: $2\,H_2 + O_2 = 2\,H_2O$, wobei wir uns merken, daß sich das Zeichen für Wasser auch auf das Volumen bezieht, wenn das Wasser in Dampfform auftritt.

Verbrennen wir den Wasserstoff mit Luft, so haben wir die Gleichung zu schreiben:

$$2\,H_2 + O_2 + 3{,}78\,N_2 = 2\,H_2O + 3{,}78\,N_2. \qquad (4)$$

Beispiele:

25. Wieviel Gramm Wasser erhalten wir bei der Verbrennung von 1 g Wasserstoff?

26. Wieviel Gramm Sauerstoff verbrauchen wir bei der Verbrennung von 1 g H?

27. Wieviel Liter Luft sind notwendig zur Verbrennung von 1 cbm H?

28. Wieviel von dem in der Braunkohlenanalyse Beisp. 24 vorkommenden Wasserstoff könnte durch den in der Braunkohle enthaltenen Sauerstoff verbrannt werden?

29. Wieviel Liter Sauerstoff wäre zur Verbrennung des restlichen Wasserstoff notwendig?

30. Wieviel Liter Luft brauchen wir zur Verbrennung von 100 g Braunkohle?

Die Gewinnung der Grundlagen für feuerungstechnische Betrachtungen.

Die im vorigen Kapitel erworbenen Kenntnisse bleiben wertlos, solange es uns nicht gelingt, sie mit einem gerade vorliegenden Fall zu verknüpfen. Das können wir aber nur, wenn wir uns ein Zahlenmaterial verschaffen, das den besonderen Verhältnissen entspricht; denn nur durch dieses wird eine Anwendung unserer Kenntnisse möglich. Es liegt in den Analysen, und wir müssen uns deshalb über die Arbeiten unterrichten, durch welche wir in den Besitz derselben kommen.

Jeder Brennstoff enthält außer der eigentlichen brennbaren Substanz eine gewisse Menge Wasser und Asche. Nachdem der Wassergehalt stets schwankt und insbesondere beim Lagern oft erheblich abnimmt, wird man ihn bei jedem Versuch neu zu bestimmen haben. Es geschieht dies dadurch, daß man eine gewogene Menge Kohle (3—8 g) durch etwa 2 Stunden bei 100° C trocknet und alsdann wieder wägt.

Beispiele:

31. Gewicht des Tiegels . . . . 23,3725 g
Gewicht des Tiegels mit der Kohle . 28,2753 g
Gewicht des Tiegels mit der Kohle nach dem Trocknen . . . . 27,3587 g
daraus: Gewicht der Kohle . . . . . 4,9028 g
Gewichtsverlust der Kohle . . . . . 0,9166 g

4,9028 g Kohle geben sonach beim Trocknen 0,9166 g

100 g Kohle würden 18,69 g Wasser abgeben. Man gibt dies in der Analyse dadurch an, daß man schreibt:

Wasser . . . . 18,69%.

Die Bestimmung der Asche erfolgt so, daß man etwa 2 g des Brennstoffes in einem offenen Tiegel glüht, bis man keine Kohleteilchen mehr wahrnehmen kann. Man wägt alsdann wieder und rechnet wie folgt:

Gewicht des Tiegels . . . . . . 17,3516 g
Gewicht des Tiegels mit der Kohle 19,2469 g
Gewicht des Tiegels mit der Asche 17,5836 g

1,8953 g Kohle geben 0,2320 g Asche
100 g Kohle geben 12,24 g Asche.

Deshalb in der Analyse:

Asche . . . . 12,24%.

Diese Aschenbestimmung kann auch an die Wasserbestimmung unmittelbar angeschlossen werden. Man verascht alsdann die getrocknete Kohle. Die Bestimmung der übrigen Bestandteile des Brennstoffes kann nur von einem Chemiker durchgeführt werden. Man wird deshalb die Kohlenanalyse durch ein Laboratorium ausführen lassen, dem man eine Kohlenprobe einsendet.

Auf die Anfertigung dieser Kohlenprobe ist ganz besondere Sorgfalt zu verwenden, denn die Kohlen sind im allgemeinen sehr ungleichmäßig. Schon der Augenschein lehrt, daß sich oft durch das eine oder andere Stück eine aschenreichere oder aschenärmere Schicht hindurchzieht. Würde man zur Analyse nur ein Stück der Kohle einsenden, so könnte man nicht erwarten, daß das Resultat ein Bild der tatsächlich vorliegenden Verhältnisse gibt. Man wird deshalb eine sog. Durchschnittsprobe anfertigen. Hierzu eignet sich am besten der Zeitpunkt des Abladens der Kohle oder bei Feuerungsversuchen die Zeit des Versuches selbst. Die Durchschnittsprobe wird einem größeren Kohlenquantum entnommen, das man dadurch erhält, daß jede 10. oder 20. Schaufel oder, wenn die Kohle aus Bunkern in Karren usw. abgefüllt wird, aus jedem Karren ein paar Hände voll auf einen separaten Haufen geworfen werden. Die einzelnen Stücke dieses Haufens werden gröblich zerkleinert und das ganze Material hierauf weggeschaufelt, so daß ein neuer Haufen entsteht. Hierbei ist besonders darauf zu achten, daß alles Material immer auf dem gleichen Punkt aufgeworfen wird und möglichst nach allen Seiten gleichmäßig über die Böschung des Haufens herunter rollt. Man sticht alsdann mit einer Schaufel auf der Spitze des Haufens ein und sucht von dort aus das Material durch Abrollen nach dem Rande hin zu bringen. Man hat dann bei richtiger Arbeit die Kohle auf einer kreisförmigen Fläche gleichmäßig ausgebreitet. Durch Einlegen von Stahlbändern oder Spannen von Schnüren teilt man nun diese Kreisflächen mit Hilfe zweier aufeinander senkrecht stehender Durchmesser in vier gleiche Quadranten. Von diesen wählt man zwei einander nicht benachbarte aus (Fig. 3, z. B. *a* und *a*) und vereinigt deren Material auf einem neuen, mit der gleichen Sorgfalt herzustellenden Haufen, welcher in derselben Weise zu behandeln ist. Bei dem Wegschaufeln des Materials ist besonders darauf zu achten, daß man auch das Feinkörnige und Pulverförmige stets mit auf den neuen Haufen bringt. Man wird deshalb womöglich einen mit glattem Pflaster ausgestatteten Ort für die Durchführung der Probenahme wählen und nötigenfalls mit einem reinen Besen nachhelfen.

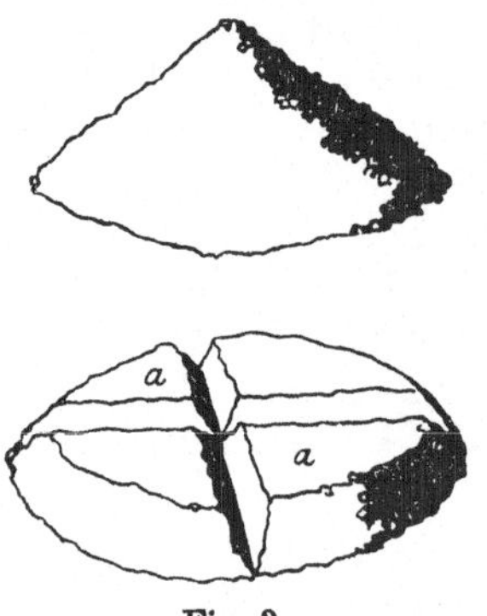

Fig. 3.

Um eine Verringerung des Feuchtigkeitsgehaltes der Kohle zu vermeiden, wird man gut tun, auch einen möglichst kühlen Ort für diesen Zweck zu suchen. Im Verlauf der Teilung ergibt sich ein Punkt, wo die Stückgröße der Kohle in ein Mißverhältnis tritt zu der Größe des Haufens. Man muß alsdann eine Zerkleinerung des ganzen Materials durchführen, nach dieser Zerkleinerung aber zwecks Durchmischung alles unter Beobachtung der schon angeführten Regeln neuerlich auf einen Haufen schaufeln, ehe man mit der Teilung fortfährt. Ist man so endlich auf eine Menge von 2—5 kg gekommen, so wird diese Durchschnittsprobe in ein Glas mit gut schließendem Stopfen gebracht und der Stopfen ganz mit Siegellack überzogen. Man kann auch die Probe in eine Blechbüchse bringen und diese dann verlöten. Unbedingt zu verwerfen ist es, Kohlenproben in Pappschachteln oder Kistchen aufzubewahren. Sie ändern dort ihren Wassergehalt, und man erhält eine falsche Analyse. Die Mühe, welche man auf die Probeentnahme verwendet, ist nie verschwendet: aus einer schlecht genommenen Probe kann nie ein richtiges Resultat abgeleitet werden.

Der Chemiker, welcher eine Kohlenprobe erhält, zerkleinert dieselbe zunächst und teilt sie nach dem oben angegebenen Verfahren. Dabei entnimmt er schon bei der ersten Teilung eine größere Probe, welche ihm zur Wasserbestimmung dient. Vielfach wird dabei so verfahren, daß diese Menge zunächst solange an der Luft liegen gelassen wird, bis sie ihr Gewicht nicht mehr ändert. Dieser Gewichtsverlust wird dann als „Feuchtigkeit", „Grubenfeuchtigkeit" in Prozenten angegeben. Damit ist aber noch nicht alles Wasser aus der Kohle entfernt. Man trocknet die lufttrockene Kohle bei 100° C und bezeichnet diesen Gewichtsverlust als „hygroskopisches Wasser". Andere trocknen sofort bei 100° C und geben die gefundene Zahl unter „Feuchtigkeit" + „hygroskopisches Wasser" oder kurzweg unter „Wasser" „H_2O" an.

Eine bei der weiteren Teilung erhaltene Probe wird nun vom Chemiker verbrannt. Es geschieht dies (Fig. 4) in einem horizontalen Rohr, in das an einem Ende Sauerstoff eingeleitet wird, *O*, während das Rohr selbst nahe zum Glühen erhitzt wird. Die Verbrennungsprodukte (CO_2 und H_2O) werden in geeigneten Apparaten *a* aufgefangen und gewogen. Daraus wird der Gehalt an Kohlenstoff und Wasserstoff berechnet. Nachdem auch die meist geringen Mengen Stickstoff und Schwefel bestimmt worden sind und die Asche ermittelt ist, wird die Analyse wie folgt zusammengestellt:

Feuchtigkeit + hygr. Wasser	26,25%
Kohlenstoff	48,00%
Wasserstoff	3,70%
Sauerstoff	14,27%
Stickstoff	0,74%
Asche	7,04%

Vielfach ist es üblich, nur den Wassergehalt der eingelieferten Probe anzugeben, die übrige Analyse aber auf trockene Kohle

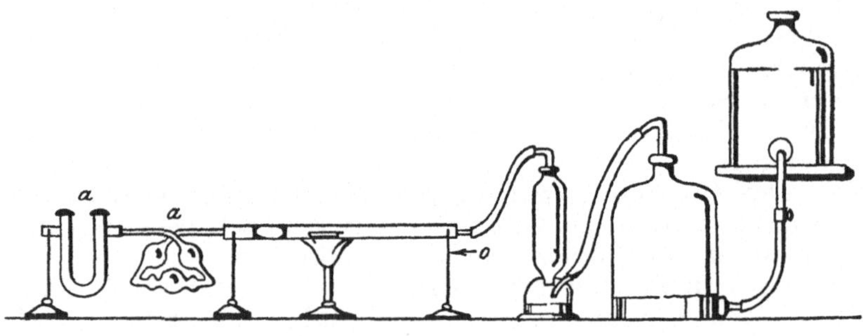

Fig. 4.

zu beziehen. Die obige Analyse würde dann umgerechnet werden wie folgt:

100 g Kohle enthalten: 26,25 g Wasser und
73,75 g trockene Kohle.

In diesen 100 g feuchter und mithin auch in den 73,75 g trockener Kohle sind demnach 48,00 g Kohlenstoff enthalten. Es wären dann in 100 g trockener Kohle 48,00 g : 0,7375 g = 65,08 g Kohlenstoff enthalten. In ähnlicher Weise findet man die übrigen Zahlen. Die neue Analyse lautet:

Feuchtigkeit + hygr. Wasser 26,25%

Analyse der trockenen Kohle:

Kohlenstoff	65,08%
Wasserstoff	5,02%
Sauerstoff	19,35%
Stickstoff	1,00%
Asche	9,55%

Manchmal findet man auch die Zusammensetzung der wasser- und aschenfreien Substanz angegeben. Sie ergibt sich nach einer ähnlichen Überlegung aus der vorstehenden Analyse wie folgt:

100 g aschenhaltiger Kohle enthalten ebensoviel von den verschiedenen Grundstoffen wie 90,45 g aschenfreier Kohle.

Die Analyse lautet dann:

Feuchtigkeit + hygr. Wasser 26,25%

In der trockenen Kohle:

Asche 9,55%

Analyse der wasser- und aschenfreien Kohle:

Kohlenstoff 71,95%
Wasserstoff 5,55%
Sauerstoff 21,39%
Stickstoff 1,10%

Die Umkehrung der Rechnung, also die Berechnung der Kohlenanalyse, die sich auf den jeweiligen Zustand bezieht, kann nach dem Gesagten keine Schwierigkeiten bieten.

Beispiele:

32. Eine Steinkohle aus dem Ruhrgebiet hat die Analyse:

In der Rohkohle:

Wasser 5,27%
Asche 7,40%

Die Analyse der wasser- und aschenfreien Kohle ist:

Kohlenstoff 82,69%
Wasserstoff 5,54%
Sauerstoff 11,77%

Wie lautet die umgerechnete Analyse?

33. Die Analyse einer böhmischen Braunkohle lautet:

Feuchtigkeit + hygr. Wasser 21,13%

In der trockenen Kohle:

Kohlenstoff 63,64%
Wasserstoff 5,17%
Sauerstoff 21,25%
Asche 9,94%

Wie lautet die Analyse derselben Kohle, wenn sie bei einer anderen Probenahme einen Wassergehalt von 25,10% und einen Aschengehalt der trockenen Kohle von 9,60% aufweist?

Dieses Beispiel zeigt die Nutzanwendung der erläuterten Rechnungen. Hat man einmal eine Analyse der verwendeten Kohle anfertigen lassen, so genügt es, eine Wasser- und eine Aschenbestimmung durchzuführen, um für ein anderes Mal genügend genaue Werte zu gewinnen. Diese Bestimmungen erfordern aber keine teuren Apparate und können auch ohne Laboratorium durchgeführt werden.

Eine besondere Rolle spielt in den Rechnungen, die sich auf die Verbrennung von Kohlen beziehen, der Wasserstoff. Wir haben im Beispiel 28 (Seite 20) berechnet, wieviel Wasserstoff wir mit dem in einer Kohle von vornherein enthaltenen Sauerstoff verbrennen könnten. Das hat deshalb eine Bedeutung, weil wir diesen Sauerstoff bei der Verbrennung nicht der Luft entnehmen brauchen. Man berechnet deshalb vielfach die Menge Wasserstoffs, welche durch den vorhandenen Sauerstoff gedeckt ist, und zieht ihn mit dieser Sauerstoffmenge zusammen als sog. chemisch gebundenes Wasser, trotzdem er in der Kohle sicher nicht als Wasser enthalten ist. Bedenkt man, daß 4 g Wasserstoff und 32 g Sauerstoff zu 36 g Wasser verbrennen, daß also mit einer bestimmten Menge Sauerstoff ein Achtel seines Gewichtes an Wasserstoff verbrannt werden kann, so ersieht man leicht, daß man bei der Berechnung des chemisch gebundenen Wassers nur den achten Teil der für Sauerstoff ausgeworfenen Zahl vom vorhandenen Wasserstoff abziehen und zum Sauerstoff dazuzuschlagen braucht. Es bleibt dann stets noch eine gewisse Wasserstoffmenge übrig, die in den Analysen zum Unterschied von dem bisher genannten Gesamtwasserstoff als „disponibler" Wasserstoff (Abkürzung: H_d) angeführt ist. Die Durchführung des Beispiels 30 (Seite 20) zeigt, daß diese Abänderung in der Darstellung der Kohlenanalyse von praktischem Wert ist.

Die Analyse der Braunkohle Seite 24 würde in dieser Darstellung lauten:

Feuchtigkeit + hygr. Wasser 26,25%

Analyse der trockenen Kohle:

Kohlenstoff	65,08%
Disponibler Wasserstoff . .	2,60%
Chem. geb. Wasser	21,77%
Stickstoff	1,00%
Asche	9,55%

Beispiel:

34. Wie lautet die entsprechende Analyse der Ruhrkohle Beispiel 32 (Seite 25)?

So gut wie das in der Feuerung verwendete Brennmaterial untersucht werden muß, ist das auch für die aus der Feuerung kommenden Produkte notwendig. Diese Produkte sind dreierlei: der Rostdurchfall, der Ruß und die Verbrennungsgase.

Der Rostdurchfall ist alles das, was an der eigentlichen Feuerstätte unverbrannt zurückbleibt. Er besteht in vielen Fällen nur aus Asche, in anderen aus pulverförmiger und zusammengeschmolzener Asche, der sog. Schlacke. Manchmal aber sind in ihm nicht unbeträchtliche Mengen unverbrannten oder doch unvollkommen verbrannten Brennstoffs enthalten, und es ist dann die Analyse des Rostdurchfalles für die Beurteilung der Feuerung unbedingt notwendig. Sie erfolgt durch eine einfache Aschenbestimmung. Sie setzt freilich voraus, daß der Rostdurchfall eine Probenahme ermöglicht. Das ist nun keineswegs immer der Fall. Schon das Auftreten größerer Schlackenklumpen erschwert die Probenahme sehr. Durchaus unzuverlässig wird sie aber bei Brennstoffen mit stark staubender Asche. Es treten dann beim Durchschaufeln solche Aschenverluste auf, daß in der endlichen Probe übermäßig viel Unverbranntes gefunden wird. Es empfiehlt sich daher in solchen Fällen, die aus dem Aschengehalt der Kohle sich ergebende Menge des Rostdurchfalles mit der tatsächlich erhaltenen zu vergleichen. Man verfährt dann so, daß man in der vorerst wohl gereinigten Feuerung eine größere Menge des Brennstoffs verbrennt, die gesamte dabei sich ergebende Menge des Rostdurchfalles in einem geeigneten, vorerst gewogenen Behälter (Karren, Waggon) sammelt und durch eine zweite Wägung deren Gewicht bestimmt.

Beispiele:

35. Beim Verbrennen von 7000 kg der Ruhrkohle Beispiel 32 (Seite 25) werden 800 kg Rostdurchfall erhalten. Wie lautet die Analyse dieses Rostdurchfalles?

7000 kg der Kohle enthalten 518 kg Asche. Es sind deshalb im Rostdurchfall 800 — 518 = 282 kg Kohlenstoff;

100 kg Rostdurchfall enthalten somit 282 : 8 kg Kohlenstoff, d. i. 35,25 kg. Somit lautet die Analyse:

C	35,25%
Asche	64,75%

36. Bei der Analyse des Rostdurchfalles werden folgende Wägungen gemacht:

Gewicht des Tiegels	23,2714 g
Gewicht des Tiegels mit dem Rostdurchfall	27,5694 g
Gewicht des Tiegels mit der Asche	24,3821 g.

4,2980 g Rostdurchfall geben sonach 1,1107 g Asche. 1 g Rostdurchfall enthält demnach 0,2585 g Asche, und die Analyse des Rostdurchfalles lautet:

C	74,16%
Asche	25,84%.

Der Ruß besteht aus beinahe reinem Kohlenstoff. Man wird ihn deshalb keiner weiteren Untersuchung unterziehen. Auch ist seine Menge meist viel zu geringfügig, als daß er vom Standpunkt der Feuerungstechnik zu berücksichtigen wäre.

Dagegen kommt der Untersuchung der Verbrennungsgase große Wichtigkeit zu. Verbrennen wir Kohlenstoff mit der gerade notwendigen Luftmenge, so erhalten wir Kohlensäure und Stickstoff. Verbrennen wir Wasserstoff in derselben Art, so erhalten wir Wasser und Stickstoff. Nun gelingt es in Wirklichkeit nie, mit der theoretischen Luftmenge auszukommen; wir verbrennen immer unter Anwendung eines Luftüberschusses. Die Folge davon ist, daß in den Verbrennungsgasen neben Kohlensäure, Wasser und Stickstoff stets noch Sauerstoff enthalten ist.

Man drückt nun die Zusammensetzung eines Gasgemisches ebenso in Prozenten aus, wie man es bei der Analyse eines beliebigen anderen Körpers tut. Nur heißt das Zeichen % dann nicht, wieviel Gramm des bezeichneten Stoffes in 100 g enthalten sind, sondern wieviel Liter in 100 l Gas enthalten sind. Man nennt diese Prozente auch häufig Volumprozente.

Beispiele:

37. Wie lautet die Gasanalyse der Luft?

100 l Luft bestehen aus 20,93 l Sauerstoff und 79,07 l Stickstoff. Die Analyse lautet daher:

O_2 . . . . 20,93%
N_2 . . . . 79,07%.

38. Wie lautet die Analyse eines Verbrennungsgases, das bei der Verbrennung von Koks mit gerade der notwendigen Luftmenge entsteht?

Nach Beispiel 4 und 7 (Seite 16) entstehen bei der Verbrennung ebensoviel Liter CO_2, als Liter O_2 verbraucht werden. Aus den in 100 l Luft enthaltenen 20,93 l O_2 entstehen daher wieder 20,93 l CO_2. Da das Volumen des Stickstoffs nicht geändert wird, bleibt die Summe 100 l. Die gesuchte Analyse lautet deshalb:

CO_2 . . . . 20,93% N_2 . . . . . 79,07%

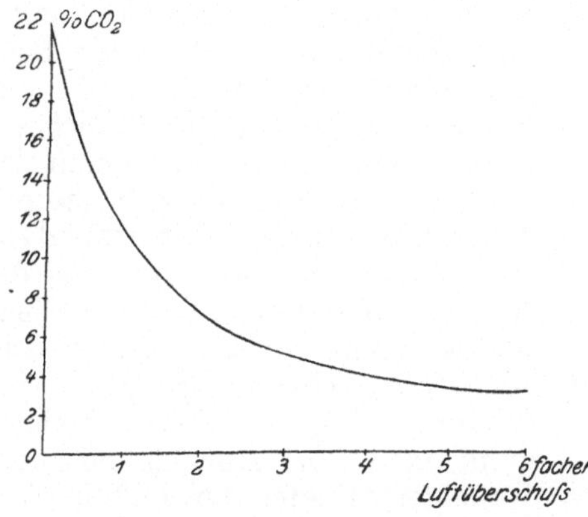

Fig. 5.

39. Wie lautet die Gasanalyse eines Verbrennungsgases, das durch Verbrennen von Koks mit doppelt soviel, dreimal soviel usw. Luft als unbedingt notwendig ist, erzielt wird? (Man zeichne die Resultate dieser Rechnung in der in Fig. 5 angedeuteten Weise auf.) Vgl. Beispiele 21, 22 und 23.

Wir ersehen aus diesen Beispielen, daß die Gasanalyse uns sogleich Aufschluß darüber zu geben imstande ist, welchen Luftüberschuß wir bei der Verbrennung verwendet haben. Diese Frage ist aber sehr wichtig, und wir erkennen so die Notwendigkeit dieser Untersuchungsmethode.

Nachdem die Gasanalyse mit Volumen arbeitet, werden wir genötigt sein, uns Apparate zu beschaffen, mit welchen wir solche Gasvolumina bequem messen können. Dazu dienen Glasgefäße von der in Fig. 6 und 7 gezeichneten Form, welche entweder ihrer ganzen Länge nach oder wenigstens in einem Teil mit einer Graduierung versehen sind. Das gesamte Volumen beträgt in der Regel 100 ccm, die

Graduierung gibt dann die ganzen und die zehntel Kubikzentimeter an; dabei ist der Nullpunkt in der Regel unten und die Zählung geht nach aufwärts. Füllt man ein solches Glasgefäß mit Wasser an und läßt nun das Wasser teilweise wieder auslaufen, so hat man 100 weniger soviel Kubikzentimeter Luft darin, als die Teilung anzeigt. Um das Füllen und Entleeren möglichst bequem zu machen, verbindet man das untere Ende der Bürette durch einen längeren Kautschukschlauch mit einer kleinen Flasche (Fig. 7), der sog. Niveauflasche. Wird diese gehoben, so tritt das Wasser aus der Flasche in die Bürette; wird sie alsdann gesenkt, so fließt das Wasser in die Niveauflasche zurück, wir saugen dann Luft in die Bürette ein. Man kann nun das obere Ende der Bürette mit einem Rohr verbinden, das bis in die Rauchgase hineinreicht. Dann kann man also auch Verbrennungsgase in die Bürette bekommen. Hat man diese einmal drinnen, so wird man die Bürette oben verschließen wollen; das geschieht mit einem besonders gestalteten Hahn. Je nach der Stellung (Fig. 8) dieses Hahnes kann man die Bürette mit dem Rauchkanal oder der Luft in Verbindung setzen oder sie endlich auch absperren. Die Schwierigkeit ist nun die Messung des Gasvolumens. Es ist bekannt, daß die Körper mit zunehmender Temperatur eine Ausdehnung erfahren. Diese Ausdehnung ist nun besonders bei den Gasen sehr groß, zum Glück aber für alle Gase die nämliche. Hätten wir also in unserer Bürette anfänglich 80 ccm Luft und wären dabei in einem Zimmer von 14° C, so würde dieses Luftvolumen bald wesentlich zunehmen, wenn wir die Bürette in ein Zimmer von 20° C bringen würden. Das zeigt uns, daß es von Wichtigkeit sein wird, während unserer Messungen das Instrument vor Temperaturschwankungen, also vor kalten und warmen Luftströmungen, zu bewahren, weil wir sonst in jedem Augenblick ein anderes Volumen ablesen würden. Man umgibt deshalb die Bürette mit einem Mantel-

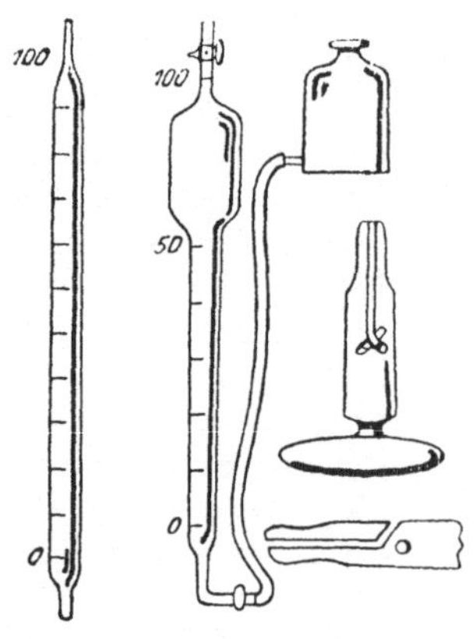

Fig. 6. Fig. 7. Fig. 8.

rohr, eine Maßregel, die für die gewöhnlichen Verhältnisse durchaus ausreichend ist. Die Temperatur selbst, bei der die Messungen ausgeführt werden, ist gleichgültig, weil alle Gase sich gleichmäßig ausdehnen. So geben z. B. 20 ccm Sauerstoff von 0° C und viermal 20 ccm, also 80 ccm, Stickstoff von derselben Temperatur 100 ccm. Erwärmen wir das Ganze auf 27° C, so haben wir 22 ccm Sauerstoff und 88 ccm Stickstoff, d. i. 110 ccm. Geben wir aber von beiden Gemischen die Gasanalyse an, so sehen wir, daß diese immer lautet:

Sauerstoff 20%
Stickstoff . . . . 80%.

Es gilt aber noch eine andere Schwierigkeit zu überwinden. Die Gase verändern ihr Volumen auch dann sehr merklich, wenn sich der Druck, unter dem sie stehen, ändert. Nun messen wir die Gase immer unter Luftdruck. Es übt deshalb schon der Barometerstand einen Einfluß aus. Auch der Einfluß des Druckes ist für alle Gase der gleiche, und es ist deshalb einerlei, unter welchem Barometerstand wir die Messung vornehmen. Auch sind die normalen Änderungen des Luftdruckes zu gering, als daß sie bei der für unsere Zwecke geforderten Genauigkeit in Betracht kämen. Dagegen haben wir darauf zu achten, daß wir durch falsche Handhabung unseres Apparates nicht Anlaß zu Fehlern geben, die sich aus der Zusammendrückbarkeit der Gase ableiten. Wenn wir nämlich ein Gas in die Bürette eingeschlossen haben und die Niveauflasche heben, dann wissen wir, daß das Wasser aus der Flasche in die Bürette rinnen würde, wenn nicht der Druck des Gases es daran hindern würde. Wir setzen also das Gas durch Heben der Niveauflasche unter Druck und verkleinern so sein Volumen. Senken wir aber die Flasche, so vermindern wir den Druck des Gases, wir saugen und das Gas dehnt sich aus. Wollen wir also das Volumen des Gases bei dem gegebenen Luftdruck kennenlernen, so müssen wir die Niveauflasche so halten, daß Wasser weder aus ihr in die Bürette noch umgekehrt fließen will, d. h. bei jeder Ablesung haben wir die Niveauflasche so hoch zu halten, daß der Wasserspiegel in der Bürette und in der Flasche gleich hoch steht. Man achte dabei besonders auch darauf, daß der Gummischlauch in diesem

Moment nicht geknickt oder gequetscht ist, weil sonst das Wasser nicht ungehindert hindurchfließen kann.

Nachdem wir uns so mit den ersten Handgriffen vertraut gemacht haben, wollen wir die eigentliche Analysenmethode näher kennenlernen. Sie besteht in der Regel darin, durch Zusammenbringen des Gases mit einer besonders gewählten Flüssigkeit einen Bestandteil desselben zum Übertritt in die Flüssigkeit zu bringen. Man sagt, man absorbiert den Bestandteil durch die Flüssigkeit, die man dann als Absorptionsmittel bezeichnet. Wir wollen uns vorläufig nur mit der Bestimmung der Kohlensäure abgeben. Für diese wählt man als Absorptionsmittel Kalilauge oder Natronlauge. Das heißt also: bringe ich ein Gasgemisch, das Kohlensäure enthält, mit Kalilauge oder Natronlauge zusammen, so wird die Kohlensäure aus dem Gemisch in die Lauge übertreten und also aus dem Gasgemisch verschwinden. Dazu sei nebenbei bemerkt, daß bei diesem Vorgang kein anderer in den Verbrennungsgasen enthaltener Bestandteil verloren geht. Die Verminderung des Volumens einer vorher abgemessenen Gasmenge gibt uns demnach den Gehalt an Kohlensäure an. Haben wir von allem Anfang an 100 ccm des Gasgemenges genommen und nun die Abnahme des Volumens nach der Absorption der Kohlensäure bestimmt, so erhalten wir direkt die Zahl, die wir als Prozent in die Gasanalyse einzusetzen haben. Das ist auch der Grund für die Teilung der Bürette von unten nach oben. Fig. 9 zeigt einen Apparat, der für die Bestimmung der Kohlensäure gebraucht werden kann.

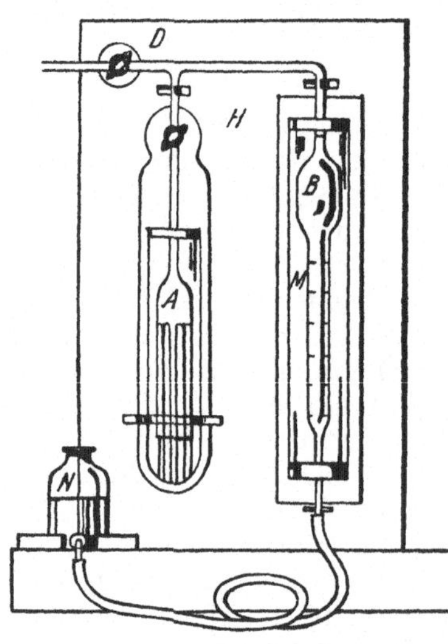

Fig. 9.

Wir sehen die Bürette *B* eingeschlossen in das Mantelrohr *M*. Sie steht durch ein System von Rohren in Verbindung mit dem Dreiweghahn *D* und einem Absorptionsgefäß *A*. Dieses Gefäß ist bis etwas über die Hälfte mit Kalilauge gefüllt, die man durch Auflösen von 150 g Kalihydrat in 500 g Wasser erhält. Es kann in sehr verschiedenen Formen ausgebildet sein. Es besteht immer aus zwei kommunizierenden Gefäßen, die entweder nebeneinander oder ineinander angeordnet sind, so daß dann das Ganze ein Gefäß bildet, in das eine Glocke taucht. Der in ein kapillares Rohr endigende Teil ist immer der eigentliche Absorptionsraum. Der zweite Raum dient zur Aufnahme eines Flüssigkeitsüberschusses.

Man setzt nun zuerst durch den Dreiweghahn *D* die Bürette in Verbindung mit der Luft, füllt sie durch Heben der Niveauflasche mit Wasser an und schließt sodann durch Drehen des Dreiweghahnes die Bürette ab. Öffnet man nun den Hahn *H* und senkt die Niveauflasche *N*, so steigt die Flüssigkeit im Gefäß *A*. Man füllt es auf diese Weise bis nahe zum Hahn *H* an und schließt diesen sodann. Man stößt nun die Luft bei geöffnetem Hahn *D* wieder aus der Bürette aus, setzt die Bürette durch Drehen von *D* mit dem Rauchkanal in Verbindung und senkt die Niveauflasche. Es tritt nun Rauchgas in die Bürette ein. Diesem Rauchgas ist aber alle Luft beigemischt, die in den Schläuchen und Röhren enthalten war, welche in den Rauchkanal führen. Man wird deshalb die Bürette abermals mit der Luft in Verbindung setzen, das Gas wieder ausstoßen, diesen Vorgang mehrmals wiederholen und nun erst die eigentliche Probe ansaugen. Hierbei nimmt man etwas mehr wie 100 ccm, d. h. man läßt bei gesenkter Niveauflasche das Gas solange eintreten, bis das Wasser aus der Bürette vollkommen ausgetreten ist. Nun schließt man die Bürette abermals ab, hebt die Niveauflasche, bis der Wasserspiegel in der Bürette bei 0 steht und quetscht dann den Kautschukschlauch, der Bürette und Niveauflasche verbindet, zusammen. Nun öffnet man f ü r e i n e n A u g e n b l i c k den Hahn *D*, so daß die Verbindung mit der Luft hergestellt wird. Das hat den Zweck, den Überschuß des Gases austreten zu lassen, und so das Gas unter den Druck der äußeren Luft zu bringen. Hält man nun die Niveauflasche dicht neben die Bürette, so daß in beiden der Wasserspiegel gleich hoch steht, so sollen in der Bürette genau 100 ccm Gas enthalten sein. Man öffnet nun *H* und treibt durch Heben der Niveauflasche das Gas in *A* hinüber, wobei man darauf achtet, nicht auch Wasser übertreten zu lassen. Senkt man nun die Flasche wieder und saugt so das Gas zurück, wobei man die Kalilauge wieder bis zum gleichen Punkt hebt, so enthält das Gas keine Kohlensäure mehr. Man schließt *H*, hält die Niveauflasche neben die Bürette, so daß beide Niveaus gleich sind, und liest ab. Die gefundene Zahl bedeutet die Prozente CO_2, welche in dem Gas enthalten sind. Blicken wir auf die zu Beispiel 39 gezeichnete Figur, so erkennen wir sofort, mit welchem Luftüberschuß im Augenblick der Analyse die Feuerung betrieben worden ist[1]).

Das gilt aber nicht nur für den Fall, wo wir Koks oder Holzkohle verbrennen, sondern auch dann, wenn wir Kohle zur Bedienung der Feuerung verwenden. Wir müssen dabei freilich noch eine Eigentümlichkeit der gasanalytischen Resultate beachten. Wir messen die Gase, indem wir Wasser als Sperrflüssigkeit für die Bürette verwenden. Die Bürette ist somit immer naß. Würden wir ein ganz trockenes Gas in sie einsaugen, so würde es sofort soviel Wasserdampf aufgenommen haben, als es unter den Verhältnissen überhaupt aufnehmen kann. Hier spielt die Temperatur die allein maßgebende Rolle. Bei einer bestimmten Temperatur nimmt das Gas immer gleichviel Wasserdampf auf und vergrößert sein Volumen dementsprechend. War also in dem Gas weniger Wasser, als diesem Zustand entspricht, so wird die fehlende

[1]) Für die Durchführung der Analyse erscheint es noch wichtig, darauf hinzuweisen, daß man bei dem Zurücksaugen des Gases aus dem Absorptionsgefäß in die Bürette sich besonders davor hüten muß, Lauge aus dem Gefäß mit in die Bürette zu bringen. Denn wenn schon in der Sperrflüssigkeit Lauge enthalten ist, und somit die Bürettenwände beim Ansaugen des Gases damit benetzt sind, so wird ein Teil der Kohlensäure von Anfang an weggenommen, und man findet dann bei der Bestimmung zu wenig. Ist es aber doch einmal geschehen, so lasse man zunächst Luft in den Apparat treten, damit die Bürette ganz leerrinnen kann, gieße das Wasser aus der Niveauflasche weg, ersetze es durch frisches, und spüle nun bei geschlossenem Hahn *H* sowohl die Bürette als auch die Kapillaren tüchtig durch. Schließlich öffnet man bei gehobener Niveauflasche und geschlossenem Hahn *D* auch Hahn *H* für einen Augenblick, um auch diesen von der Kalilauge zu befreien. Bei richtiger Behandlung soll jedoch dieser Hahn überhaupt mit Kalilauge nicht in Berührung kommen. Immerhin wird es vorteilhaft sein, ihn nach Beendigung jeder Versuchsreihe herauszunehmen, abzuspülen und frisch einzufetten, weil man sonst Gefahr läuft, daß er verkittet und überhaupt nicht mehr zu bewegen ist. Er ist unbedingt der empfindlichste Teil des Apparates.

Menge aus der Sperrflüssigkeit aufgenommen; enthielt aber das Gas mehr als diese bestimmte Menge Wasser, dann wird es nach dem Eintritt in die Bürette diesen Überschuß sofort abgeben. Wir ersehen daraus, daß wir durch die Gasanalyse keinen Aufschluß über die in den Gasen enthaltenen Wassermengen erhalten können. Vielmehr geben uns die Zahlen der Gasanalyse die Zusammensetzung des Gasgemisches an, die wir hätten, wenn in dem Gas kein Wasser enthalten wäre, also die Analyse des trockenen Gases.

Wir wissen, daß bei der Verbrennung von Kohle auch Wasserdampf gebildet wird. Fragen wir uns, woher dieser überhaupt stammt. Zunächst aus der Feuchtigkeit, dann aus der beim Verbrennen des Wasserstoffes gebildeten Wassermenge. Nach dem, was wir bei der Angabe der Kohlenanalyse gesagt haben, können wir aber noch eine weitere Unterteilung vornehmen. Wir erhalten Wasserdampf aus der Feuchtigkeit, aus dem hygroskopischen Wasser, aus dem chemisch gebundenen Wasser und aus dem disponiblen Wasserstoff. Auf die Gasanalyse hat nun die einfache Beimengung von Wasserdampf zu den Verbrennungsgasen keinen Einfluß. Wir werden deshalb auch keinen Unterschied in der Analyse bemerken können, wenn die Kohle einmal mehr, einmal weniger Feuchtigkeit enthält. Ebensowenig kann das chemisch gebundene Wasser die Resultate der Gasanalyse beeinflussen. Wohl aber der disponible Wasserstoff. Denn für die Verbrennung desselben brauchen wir Luft, Es gilt da die Gleichung: $2\,H_2 + O_2 + 3{,}78\,N_2 = 2\,H_2O + 3{,}78\,N_2$. Da wir in der Gasanalyse das Wasser nicht finden, so ergibt sie in diesem Fall nur Stickstoff.

Beispiel:

40. Wie lauten die Gasanalysen der Verbrennungsgase, wenn Wasserstoff mit verschiedenem Luftüberschuß verbrannt wird? Aufzeichnung der Resultate.

Es wird durch diese Überlegung klar, welchen Zweck wir verfolgt haben, als wir den disponiblen Wasserstoff von dem übrigen in einem Brennstoff vorhandenen abtrennten. Stoffe ohne jeden disponiblen Wasserstoff geben die gleichen Analysen der Verbrennungsgase wie reiner Kohlenstoff. Weder Asche noch Wasser haben darauf irgendeinen Einfluß. Ist aber disponibler Wasserstoff vorhanden, so wird die für seine

Verbrennung verbrauchte Luft nur als Stickstoff in der Gasanalyse erscheinen, d. h. es wird das Gas verhältnismäßig ärmer an Kohlensäure und reicher an Stickstoff sein.

Die Probenahme bei Gasen erscheint auf den ersten Blick sehr einfach. Es genügt, irgendein Rohr, das mit dem Analysenapparat in Verbindung steht, bis in die Bahn des Gasstromes zu bringen, Gas anzusaugen und zu analysieren. Es können aber dabei mancherlei Fehler gemacht werden, so daß es notwendig erscheint, auf diese aufmerksam zu machen. Vor allem sind die Gasströme durchaus nicht immer gleichmäßig gemischt. Man soll deshalb die Probe immer an solchen Stellen entnehmen, wo der Gasstrom, sei es durch eine schärfere Krümmung, sei es durch eine plötzliche Verengerung oder Erweiterung der Züge, durchgewirbelt worden ist, also unmittelbar hinter solchen Stellen, aber nicht etwa aus einem dort befindlichen toten Raum, in dem die Gase sich überhaupt nicht bewegen. Bei einiger Überlegung findet man wohl immer eine geeignete Stelle.

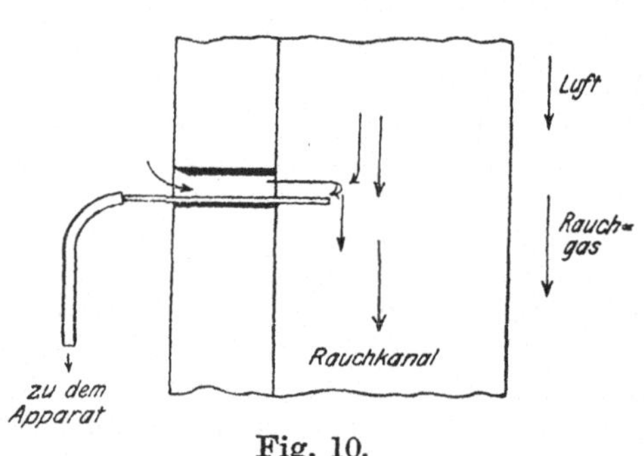

Fig. 10.

Weiter soll das Rohr, das in den Gasstrom hineinreicht, nicht aus Metall sein. Glasröhren für niedrigere, Porzellan oder Quarzglasröhren für höhere Temperaturen sind am besten. Metallrohre können oft eine Änderung in der Gaszusammensetzung herbeiführen, sei es dadurch, daß sie Sauerstoff aus dem Gas aufnehmen, sei es dadurch, daß sie solchen an das Gas abgeben. Endlich ist es vorteilhaft, die Entnahmerohre möglichst dünn zu wählen. Verfasser bedient sich bei halbwegs reinen Gasen (Verbrennungsgasen) in der Regel der Quarzglasrohre von 1—2 mm lichter Weite und entsprechend enger Schläuche zur Verbindung mit dem Analysenapparat. Man gewinnt dadurch den Vorteil, daß nur wenig Luft in diesen dünnen Röhren enthalten ist, und daß man dadurch das Ausspülen mit Verbrennungsgasen rascher und sicherer besorgen kann.

Endlich sollen diese Entnahmeröhren, dort, wo sie aus dem Ofen austreten, gegen den Ofen gut abgedichtet sein. Geschieht das nicht, so kann, weil im Ofen meist Zug herrscht, Luft durch das Mauerwerk eingesogen werden, sodaß man dann nic sicher ist, ob man nicht auch solche wenigstens teilweise mit ansaugt, wodurch natürlich die Resultate schlecht werden (Fig. 10).

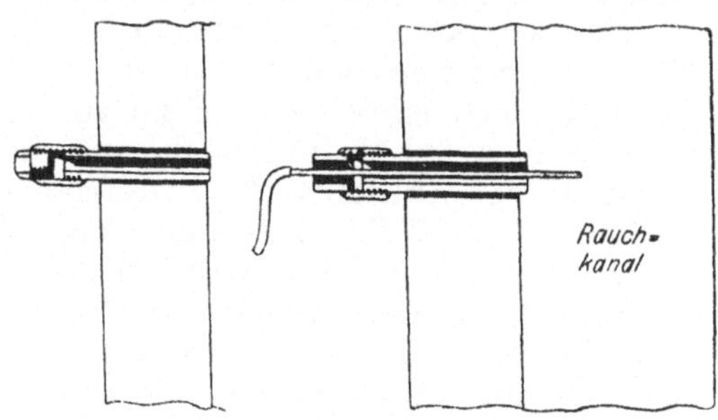

Fig. 11.

Am besten ist es, die Mühe nicht zu scheuen und dort, wo man Proben zu entnehmen beabsichtigt, die Einrichtung entsprechend Fig. 11 zu treffen.

Die Aufstellung der Stoffbilanz.

Wir haben uns in den ersten zwei Kapiteln die notwendigen Vorkenntnisse angeeignet, um nun an die Aufstellung der Stoffbilanz schreiten zu können. Sie bildet den ersten Teil jeder feuerungstechnischen Betrachtung und Untersuchung. Sie ist eine übersichtliche Darstellung, aus welcher wir entnehmen können, wohin die in die Feuerung gebrachten Stoffe gelangen. Wird sie für die einzelnen Grundstoffe separat durchgeführt, so ist sie eine ausgezeichnete Kontrolle für die Richtigkeit der Rechnung. Der Form nach besteht sie aus zwei Teilen, von denen der eine die der Feuerung zugeführten, der andere die von der Feuerung erzeugten Stoffe behandelt.

In den Ofen gelangen der Brennstoff, die Luft und bei manchen Arten von Feuerungen noch Wasser oder Wasserdampf. Es wäre nun recht unübersichtlich, die tatsächlich während einer bestimmten Zeit in den Ofen gebrachten Mengen dieser Stoffe in Betracht zu ziehen, weil man dann selbst für eine und dieselbe Feuerung je nach der Versuchsdauer immer wieder verschiedene Zahlen bekäme, die man erst wieder vergleichen müßte. Man geht deshalb besser auf die Zeit über, in welcher die Feuerung im Durchschnitt gerade 100 g Brennstoff verbraucht.

Ehe wir jedoch die Aufstellung einer vollständigen Stoffbilanz vornehmen, wollen wir einzelne hierbei vorkommende Aufgaben herausgreifen und sie an Beispielen erläutern. Es handelt sich dabei immer darum, die im vorigen Kapitel besprochenen Zahlenwerte zweckmäßig auszunutzen.

Zunächst sei der Zusammenhang zwischen der Analyse der Kohle und der des Rostdurchfalles erklärt. Es muß da stets die Frage beantwortet werden, wieviel von dem in der Kohle enthaltenen Kohlenstoff in den Rostdurchfall geht, also für die Feuergase als Verlust zu rechnen ist. Die Beispiele 35 und 36 des vorhergehenden Kapitels zeigen uns, daß zwei verschiedene Angaben vorliegen können.

Beispiele:

41. Die Angaben des Beispiels 35 sollen zur Ermittlung des Kohlenstoffverlustes benutzt werden.

Da 7000 kg Kohle 800 kg Rostdurchfall geben, entsteht aus 1 kg Kohle 800 : 7000 = 0,1143 kg Rostdurchfall, oder aus 100 g die Menge von 11,43 g. Hiervon sind nach der Analyse der Kohle 7,40 g Asche, so daß für den aus 100 g Kohle in den Rostdurchfall gegangenen Kohlenstoff 4,03 g verbleiben.

Zu demselben Resultat wären wir gekommen, wenn wir von der auf Seite 28 errechneten Analyse ausgegangen wären. Der Weg ist dann wie folgt:

100 g Kohle enthalten 7,40 g Asche. Diese bilden 64,75% des Rostdurchfalles. Es sind demnach die 7,40 g Asche in 7,40 : 0,6475 = 11,43 g Rostdurchfall enthalten, so daß diese bestehen aus 7,40 g Asche und 4,03 g Kohlenstoff. Da nun die 7,40 g Asche aus 100 g Kohlenstoff stammen und von 4,03 g Kohlenstoff begleitet werden, so gehen von den in dieser Kohlenmenge enthaltenen 72,21 g Kohlenstoff 4,03 g in den Rostdurchfall und der Rest von 68,18 g in die Feuergase.

42. Wieviel Liter CO_2 entstehen bei der Verbrennung von 100 g der Braunkohle Beispiel 24 (Seite 19), wenn der Rostdurchfall die nachstehende Analyse besitzt?:

Kohlenstoff	24,25%
Asche	75,75%

43. Wieviel Luft verbrauchen wir in diesem Fall zur Verbrennung von 100 g Kohle?

Wenngleich nun diese Rechnungen keine Schwierigkeiten bereiten, so sind sie doch zu verwickelt, als daß man sich leichterdings eine Vorstellung von dem Erfolg irgendeiner Veränderung machen könnte, die man gerade erwägt. Außerdem ermüden sie, wenn sie sich häufen, und ziehen die Aufmerksamkeit von der Hauptsache ab. Es ist deshalb in Tabelle 1 die Menge des Kohlenstoffs in g angegeben, der bei einem bestimmten C-Gehalt des Rostdurchfalles verlorengeht, bezogen auf 100 g Kohle von 1% Aschengehalt. Die der jeweiligen Analyse des Rostdurchfalles entsprechende Zahl der Tabelle ist für eine bestimmte Kohlensorte mit deren Aschengehalt in Prozenten zu multiplizieren, um den Verlust zu finden. Die Tabelle zeigt übrigens, daß dieser Verlust mit dem Kohlenstoffgehalt des Rostdurchfalles unverhältnismäßig rasch steigt.

Tabelle 1.

% C im Rostdurchfall	% C-Verlust der Kohle	% C im Rostdurchfall	% C-Verlust der Kohle	% C im Rostdurchfall	% C-Verlust der Kohle
2	0,020	28	0,389	54	1,174
4	0,042	30	0,429	56	1,273
6	0,064	32	0,470	58	1,381
8	0,087	34	0,515	60	1,500
10	0,111	36	0,563	62	1,632
12	0,136	38	0,613	64	1,778
14	0,163	40	0,667	66	1,941
16	0,190	42	0,724	68	2,125
18	0,219	44	0,786	70	2,333
20	0,250	46	0,852	72	2,571
22	0,282	48	0,923	74	2,846
24	0,316	50	1,000	76	3,167
26	0,351	52	1,083	78	3,545

Es wurde schon bei der Besprechung der Analyse des Rostdurchfalles darauf hingewiesen, daß gerade sie oft recht ungenau ausfällt, und wir werden deshalb bei Versuchen unsere Endzahlen bezüglich ihrer Genauigkeit nicht überschätzen dürfen.

Wir wollen nun das Beispiel 41 auf diese Weise nachrechnen:

Tabelle 1 ergibt für 35,25% C im Rostdurchfall die Zahl 0,55. Die Multiplikation 0,55 × 7,40 ergibt 4,07 g als Kohlenstoffverlust.

Ein weiterer wichtiger Fall ist der Zusammenhang zwischen der Analyse der Kohle und der Gasanalyse. Es wurde schon im vorigen Kapitel betont, daß die Gasanalyse über die bei der Verbrennung gebildeten Wassermengen nichts aussagt, sondern uns nur die Zusammensetzung der trockenen Rauchgase angibt. Eine Arbeit, die stets auszuführen ist, besteht in der Errechnung des Kohlensäuregehaltes der trockenen Gase, wenn die Verbrennung mit der gerade notwendigen Luftmenge durchgeführt wird. Wir haben bei den Rechnungen mit Gasvoluminen gesehen, daß sich das von uns gewählte Maß von 22,4 l als besonders vorteilhaft erweist. Um nun unsere Ausdrucksweise zu vereinfachen, geben wir dieser Menge von 22,4 l eines Gases einen besonderen Namen und nennen sie ein Mol. Hierbei sei gleich bemerkt, daß wir diese Bezeichnung nicht für das Volumen wählen, sondern für die Menge. Wir können also von einem Mol auch dann sprechen, wenn wir gerade an das entsprechende Gewicht denken. Wir werden also sagen: Ein Mol ist soviel eines Stoffes, als seiner Formel entspricht, wenn wir uns für die einzelnen darin vorkommenden Zeichen aus der Atomgewichtstabelle die Zahlen eingesetzt denken und diese Summe in Gramm verstehen. Bei den Gasen ist nun die Formel immer so gewählt, daß dieses Gewicht gerade auch dem von 22,4 l gleichkommt, und es ist deshalb 1 Mol Gas auch soviel wie 22,4 l des Gases. Freilich ist die Bezeichnung nur dort brauchbar, wo wir es mit einheitlichen Stoffen zu tun haben, und wir werden deshalb bei Gasgemischen auch weiterhin nur von soundso viel mal 22,4 l sprechen dürfen.

Wir haben oben gesagt, daß die Gasanalyse uns angibt, wieviel Liter eines Gases in 100 l eines Gasgemisches enthalten sind. Da nun jedes Mol Gas das Volumen von 22,4 l vorstellt, so können wir auch sagen, die Gasanalyse gibt an, wieviel Mole der einzelnen Gase in 100 mal 22,4 l eines Gasgemisches enthalten sind oder aber, wieviel Hundertstel Mole der einzelnen Gase in 22,4 l der Mischung sich befinden.

Wir führen nun für die Menge von 12 g Kohlenstoff die Bezeichnung 1 Grammatom ein. Wir können dann die

Gleichung (1) auf Seite 15 in der einfachen Form aussprechen: 1 Grammatom Kohlenstoff verbrennt mit 1 Mol Sauerstoff zu 1 Mol Kohlensäure. Ebenso: 22,4 l Luft bestehen aus rund $^1/_5$ Mol Sauerstoff und $^4/_5$ Mol Stickstoff. Oder: Das theoretische Verbrennungsgas des Kohlenstoffs besteht aus $^{20.93}/_{100}$ Molen Kohlensäure und $^{79.07}/_{100}$ Molen Stickstoff.

In 1 Mol Kohlensäure ist 1 Grammatom Kohlenstoff enthalten.

Beispiele:

44. Welche Gasanalyse ist zu erwarten, wenn die Braunkohle Seite 24 mit der theoretischen Luftmenge verbrannt wird? Zur Vereinfachung der Rechnung wählen wir die Darstellungsform der Analyse, wie sie auf Seite 26 gegeben ist, als Ausgangspunkt.

100 g der trockenen Kohle geben an Verbrennungsprodukten:

65,08 : 12 Mole Kohlensäure,
2,60 : 2 Mole Wasser aus disponiblem Wasserstoff,
21,77 : 18 Mole Wasser aus chemisch gebundenem Wasser,
1,00 : 28 Mole Stickstoff aus dem Stickstoff der Kohle.

Zu diesen Gasmengen kommt noch der Stickstoff, den der zur Verbrennung notwendige Sauerstoff aus der Luft mitbringt. Um seine Menge zu ermitteln, berechnen wir vorerst die zur Verbrennung notwendige Sauerstoffmenge und wissen dann, daß das 3,78fache an Stickstoff mit in die Feuerung hineingetragen wurde.

65,08 g C brauchen zur Verbrennung 65,08 : 12 Mole Sauerstoff,
2,60 g H_d brauchen zur Verbrennung 2,60 : 4 Mole Sauerstoff,

d. h. wir brauchen für die Verbrennung von 100 g Kohle:

Für Kohlenstoff	5,42 Mole Sauerstoff
Für disponiblen Wasserstoff . .	0,65 „ „
Summe	6,07 Mole Sauerstoff.

Diese sind in den Verbrennungsprodukten (Kohlensäure und Wasser) bereits enthalten. Sie haben aber das 3,78fache ihres Volumens an Stickstoff mitgebracht, d. i. 22,94 Mole Stickstoff.

Bedenken wir, daß das Wasser auf die Gasanalyse keinen Einfluß hat, so werden wir nur folgende Zahlen für die weitere Berechnung in Betracht zu ziehen haben:

Kohlensäure	5,42 Mole
Stickstoff aus Kohle . .	0,04 „
Stickstoff aus der Luft .	22,94 „
Summe	28,40 Mole.

Enthalten 28,40 Mole Rauchgase 5,42 Mole Kohlensäure, so enthalten 100 Mole davon 5,42 : 28,40 mal 100 Mole Kohlensäure, und die Analyse lautet:

Kohlensäure	19,10%
Stickstoff	80,90%.

45. Man führe dieselbe Berechnung für die Ruhrkohle (Seite 25, Beispiel 32) durch.

Wir haben schon im vorigen Kapitel darauf hingewiesen, daß es vor allem der disponible Wasserstoff ist, der auf das Resultat der Gasanalyse von Einfluß ist. Es kann nun gezeigt werden, daß alle Brennstoffe, bei welchen auf 1 g Kohlenstoff dieselbe Menge disponiblen Wasserstoffs kommt, dieselbe Prozentzahl für Kohlensäure ergeben, wenn immer mit der theoretischen Luftmenge verbrannt würde. Wir bestimmen deshalb für jeden Brennstoff das Verhältnis von disponiblem Wasserstoff zu Kohlenstoff, indem wir die Prozentzahl des ersteren dividieren durch die des letzteren. Das so erhaltene Resultat bezeichnen wir mit dem Buchstaben m. Die Tabelle 2 gibt für jedes solche m die zugehörigen Prozente Kohlensäure an, so daß wir alle Berechnungen ersparen können.

Um die Tabelle dem Verständnis näherzubringen, sei folgendes angeführt: Für Holzkohle, Koks usw. wird m gleich 0,00, weil in diesen Stoffen kein disponibler Wasserstoff enthalten ist. Für die festen Brennstoffe Holz, Kohlen liegt m in der Regel zwischen 0,01 und 0,07. Die Tabelle lehrt uns, daß, je höher dieses m ist, desto niedriger der Kohlensäuregehalt ausfällt. Das tritt natürlich besonders bei den wasserstoffreichen Brennstoffen hervor. Für Benzin finden wir $m = 0{,}08$, für Spiritus 0,17, für Sumpfgas 0,33 und endlich für Leuchtgas nahe bei 0,50. Dementsprechend fällt auch der Kohlensäuregehalt von 20,9 bis 9,6%.

Tabelle 2.

m	% CO_2	a	m	% CO_2	a	m	% CO_2	a
0	20,93	1,000	0,041	19,07		0,082	17,51	
0,001	20,87		0,042	19,02		0,083	17,48	
0,002	20,82		0,043	18,98		0,084	17,44	
0,003	20,77		0,044	18,94		0,085	17,41	0,957
0,004	20,72		0,045	18,90	0,975	0,086	17,38	
0,005	20,68	0,997	0,046	18,86		0,087	17,34	
0,006	20,63		0,047	18,82		0,088	17,31	
0,007	20,58		0,048	18,78		0,089	17,27	
0,008	20,53		0,049	18,74		0,090	17,24	0,955
0,009	20,48		0,050	18,70	0,973	0,091	17,21	
0,010	20,43	0,994	0,051	18,66		0,092	17,17	
0,011	20,39		0,052	18,62		0,093	17,14	
0,012	20,34		0,053	18,58		0,094	17,11	
0,013	20,29		0,054	18,54		0,095	17,07	0,954
0,014	20,25		0,055	18,51	0,970	0,096	17,04	
0,015	20,20	0,991	0,056	18,47		0,097	17,00	
0,016	20,16		0,057	18,43		0,098	16,97	
0,017	20,11		0,058	18,39		0,099	16,94	
0,018	20,06		0,059	18,35		0,100	16,91	0,952
0,019	20,02		0,060	18,31	0,968	0,120	16,28	0,945
0,020	19,97	0,988	0,061	18,27		0,140	15,71	
0,021	19,92		0,062	18,24		0,160	15,17	
0,022	19,88		0,063	18,20		0,180	14,66	
0,023	19,84		0,064	18,16		0,200	14,19	0,922
0,024	19,79		0,065	18,13	0,966	0,220	13,75	
0,025	19,75	0,985	0,066	18,09		0,240	13,33	
0,026	19,71		0,067	18,05		0,260	12,94	
0,027	19,66		0,068	18,01		0,280	12,57	
0,028	19,62		0,069	17,98		0,300	12,22	0,901
0,029	19,57		0,070	17,94	0,964	0,320	11,89	
0,030	19,53	0,983	0,071	17,91		0,340	11,58	
0,031	19,49		0,072	17,87		0,360	11,28	
0,032	19,44		0,073	17,83		0,380	11,00	
0,033	19,40		0,074	17,80		0,400	10,73	0,886
0,034	19,36		0,075	17,76	0,961	0,420	10,48	
0,035	19,32	0,980	0,076	17,72		0,440	10,24	
0,036	19,27		0,077	17,69		0,460	10,00	
0,037	19,23		0,078	17,66		0,480	9,78	
0,038	19,19		0,079	17,63		0,500	9,57	0,875
0,039	19,15		0,080	17,59	0,959			
0,040	19,11	0,978	0,081	17,55				

Die Verbrennung eines Brennstoffes mit der theoretisch gerade notwendigen Luftmenge ist praktisch kaum durchführbar. Wenn wir uns doch mit der Berechnung der bezüglichen Gasanalyse beschäftigt haben, so geschah es deshalb, weil diese Zahl die Grundlage für weitere Berechnungen bildet. Für die praktische Beurteilung einer Feuerung hat hauptsächlich die Frage Bedeutung: Mit welchem Luftüberschuß wird gerade gearbeitet? Den einzigen Anhaltspunkt für die Beantwortung gibt uns in der Regel die Gasanalyse, und wir können deshalb die Frage auch in die Fassung bringen: Wenn ich durch die Gasanalyse eine bestimmte Zahl von Prozenten Kohlensäure in den Rauchgasen ermittelt habe und die Analyse der Kohle kenne, mit welchem Luftüberschuß arbeitet dann die Feuerung?

Beispiele:

46. Die Ruhrkohle (Seite 25, Beispiel 32) werde in einer Feuerung verbraucht. Die Gasanalyse ergibt einen mittleren Gehalt von 9,20% CO_2. Mit welchem durchschnittlichen Luftüberschuß wird gearbeitet?

Wir wissen, daß 100 g der Kohle bei der Verbrennung 6,02 Mole CO_2 geben. Aus Beispiel 45 oder aus der Tabelle 2 erfahren wir, daß bei theoretischer Luftmenge 18,75% CO_2 in den Rauchgasen enthalten sind. Würden die 6,02 Mole CO_2 nur 1% der Rauchgase ausmachen, so müßte die Menge derselben 602 Mole betragen. Nun machen sie aber bei der theoretischen Luftmenge 18,75%, im vorliegenden Fall 9,20% aus, und es ist deshalb die Menge der Rauchgase im ersten Fall 602 : 18,75, d. i. 32,1 Mole, im zweiten Fall 602 : 9,20, d. i. 65,4 Mole.

In den 32,1 Molen Rauchgas bei der theoretischen Luftmenge ist außer der Kohlensäure nur noch Stickstoff. Seine Menge ist deshalb 32,1 — 6,02 = 26,1 Mole. Daraus ergibt sich, daß die theoretische Luftmenge (26,1 : 3,78) × 4,78 Mole beträgt, d. i. 33,0 Mole. Endlich ist die Differenz zwischen den 32,1 und den 65,4 Molen die überschüssig zugeführte Luftmenge. Sie beträgt 33,3 Mole und ist im Verhältnis zur theoretischen Luftmenge das 1,01fache. Die Feuerung arbeitet demnach mit dem 1,01fachen Luftüberschuß.

47. Es ist die Gasanalyse zu errechnen, wenn die Ruhrkohle mit dem einfachen Luftüberschuß verbrannt wird.

Zu den in Beispiel 45 errechneten Gasmengen kommt nun noch die einfache Luftmenge hinzu. Wir erhalten:

CO_2	6,02 Mole
N_2	26,08 „
$O_2 + 3{,}78\,N_2$	32,98 „
Summe	65,08 Mole.

Auf 100 Mole des Rauchgases kommen sonach:

$$6{,}02 : 0{,}6508 = 9{,}23 \text{ Mole } CO_2.$$

Die Gasanalyse lautet demnach:

CO_2 . . . . 9,23%

Man berechne den CO_2-Gehalt auch für den 2-, 3-, 4fachen Luftüberschuß.

Wir haben schon bei Beispiel 39 auf Seite 29 Anwendung von der graphischen Darstellung der Resultate der Gasanalyse gemacht. Wir zeichnen nun auch für die Ruhrkohle ein ähnliches Diagramm. Auf einer horizontalen Achse tragen wir gleiche Strecken auf. Wir bezeichnen den Ursprung der Teilung mit 0, die folgenden Punkte mit 1, 2, 3 usw. und verstehen darunter den ein-, zwei-, dreifachen Luftüberschuß. Den Prozenten CO_2 entspricht eine zweite in einem beliebigen Maßstab gezeichnete Teilung auf einer senkrechten Achse, die wir von 0 aus verzeichnen. Es hat nun jeder Punkt der zwischen den beiden Achsen liegenden Fläche eine doppelte Bedeutung, indem er einerseits über einem Punkt der horizontalen Achse, der sog. Abszissenachse, liegt und somit einem bestimmten Luftüberschuß entspricht, andererseits aber in einer bestimmten Höhe über dieser Achse liegt, welche wieder als Kohlensäuregehalt mit Hilfe des vertikalen Maßstabes auf der sog. Ordinatenachse gedeutet werden kann. Wir können nun die Resultate unserer Berechnungen in dieses Diagramm einzeichnen, indem wir über den dem jeweiligen Luftüberschuß entsprechenden Punkt der Abszissenachse die dazugehörigen Prozent CO_2 im Maßstab der Ordinatenachse abtragen. Die so gefundenen Punkte liegen auf einer Linie, die wir durch sie hindurchlegen. Jeder Punkt derselben stellt uns dann für unseren Fall den zu einem bestimmten Luftüberschuß gehörigen Kohlensäuregehalt vor, und wir ersparen somit alle weiteren Rechnungen. Die wenigen von uns berechneten Punkte reichen nun freilich kaum aus, um die Kurve mit genügender Sicherheit zu ziehen. Wir müßten da noch einige Zwischenpunkte errechnen.

Die Kurve läßt sich auch ohne weitere Rechnungen bestimmen. Wir berechnen für die Ruhrkohle $m = 0{,}0492$ und benutzen die Tabelle 1. Wir entnehmen ihr den Anfangspunkt der Kurve, d. i. den Kohlensäuregehalt bei theoretischer Luftmenge, 18,75, und eine zweite, dort mit a bezeichnete Zahl 0,973.

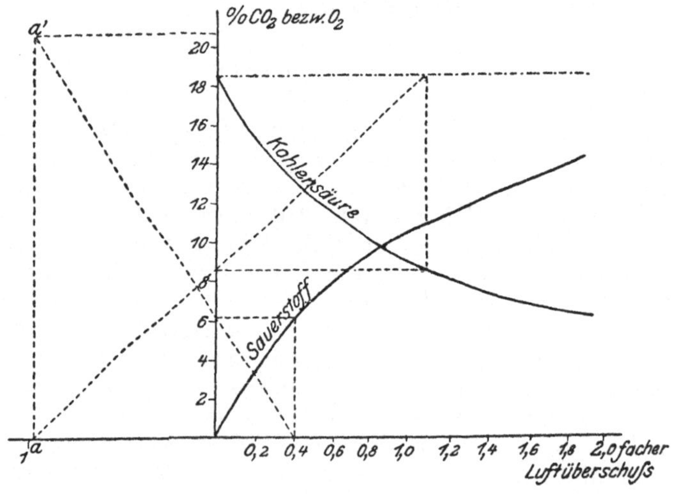

Fig. 12.

Wir verlängern nun (Fig. 12) die Abszissenachse nach links und tragen einen Teil des Maßstabes von 0 aus nach links auf. Den so erhaltenen Punkt bezeichnen wir wieder mit 1. Wir tragen nun von 0 aus nach links eine der Zahl a entsprechende Länge auf und bezeichnen deren Endpunkt mit a. In der Ordinatenachse suchen wir nun den Punkt, welcher dem Kohlensäuregehalt der theoretischen Rauchgase entspricht, und ziehen durch ihn eine Parallele zur Abszissenachse. Legen wir nun durch a einen Strahl, welcher die Ordinatenachse und die letztgezogene Horizontale schneidet, so geben uns die Abschnitte desselben auf diesen beiden Geraden die Ordinate und die Abszisse eines Punktes der von uns gesuchten Kurve an. Wir können auf diese Weise ohne große Mühe die Kurve mit jeder beliebigen Genauigkeit konstruieren.

Ziehen wir noch durch den Punkt 20,93 der Ordinatenachse eine Horizontale und tragen auf ihr abermals die Zahl a auf, so gibt uns der so erhaltene Punkt a' das Zentrum für ein zweites Strahlenbüschel, das wir in der aus der Figur ersichtlichen Art zur Konstruktion des perzentischen Sauerstoffgehaltes der Rauchgase verwenden können.

Wir haben so mit einer Zeichnung für alle Fälle, in denen die Ruhrkohle zur Verwendung gelangt, den Zusammenhang zwischen der Gasanalyse und dem Luftüberschuß hergestellt. Dies gilt freilich nur so lange, als die Kohle ohne Unverbranntes im Rostdurchfall verbrannt wird. Tritt solches auf, so ändert sich das m. Denn für die Zusammensetzung der Essengase kommt dann nur der Kohlenstoff in Betracht, welcher wirklich in die Gase übergeht. Wir finden denn auch unter den Umständen des Beispiels 35 die Zahl $m = 0{,}0520$ und dementsprechend die Zahlen:

$$CO_2 = 18{,}62, \quad a = 0{,}972$$

und müssen eine neue Kurve für den Fall zeichnen.

Wir können nun die Tabelle auch vorteilhaft benutzen, um einzelne Werte zu errechnen, wenn uns die entsprechenden Daten gegeben sind. Aus der Konstruktion leiten wir die Proportionen ab: Der CO_2-Gehalt bei theoretischer Luftmenge verhält sich zu dem bei beliebiger, wie der um a vermehrte relative Luftüberschuß sich zu diesem Luftüberschuß verhält.

Die Differenz zwischen dem CO_2-Gehalt bei theoretischer Luftmenge und dem gerade vorliegenden verhält sich zu dem letzteren, wie sich der relative Luftüberschuß verhält zu a.

Beispiele:

47a. Die Ruhrkohle wird mit dem einfachen Luftüberschuß verbrannt. Welcher Kohlensäuregehalt ist in den Gasen zu erwarten?

Wir stellen die Proportion auf: $18{,}75 : x = 1{,}973 : 0{,}9730$ und finden in Übereinstimmung mit Beispiel 47: $x = 9{,}23$.

48. Bei der Verbrennung der Ruhrkohle entsteht ein Rauchgas mit 9,20% CO_2. Mit welchem relativen Luftüberschuß wird gearbeitet?

Die Proportion lautet: $18{,}75 - 9{,}20 : 9{,}20 = x : 0{,}9730$ und ergibt für x den Wert 1,007.

Die Berechnungen bei der Lösung der Beispiele 39 und 44 haben uns außer über die Gasanalyse auch über die unter den jeweiligen Umständen auftretenden Gasmengen Aufschluß gegeben. Es ist nun ein Nachteil der von jetzt gewählten graphischen Methode, daß sie über diesen Punkt keinen Aufschluß erteilt. Wir können jedoch die Anzahl der entstehenden Mole Kohlensäure leicht durch Division des Kohlenstoffgehaltes des Brennmaterials durch 12 errechnen und dann auf dem bereits in Beispiel 46 eingeschlagenen Weg die theoretische Luftmenge errechnen. Es wird sich übrigens später zeigen, daß diese Rechnung meist überflüssig ist.

Wir schreiten nun unter Benutzung der durchgeführten Beispiele an die Aufstellung der Stoffbilanz.

Beispiele:

49. Wir führen die Annahme des Beispiels 46 weiter aus.

	Per 100 g Kohle treten in den Ofen ein:	Per 100 g Kohle treten aus dem Ofen aus:
Kohlenstoffbilanz	Mit 100 g Kohle . 72,21 g	Mit 6,02 Molen Kohlensäure . . 72,21 g
Sauerstoffbilanz	Mit 100 g Kohle: aus Sauerstoff . 10,29 g aus Feuchtigkeit 4,68 „ Aus 66,26 mal 22,4 l Luft, 13,86 Mole O_2 . . . . . 443,5 „ Summe . . . . . 458,5 g	Mit 6,02 Molen CO_2 192,64 g Mit 2,71 Molen H_2O 43,36 „ Mit 6,95 Molen O_2 entstammend 33,23 mal 22,4 l Luft als Überschuß . . . . . 222,4 „ Summe . . . . . 458,4 g
Wasserstoffbilanz	Mit 100 g Kohle: aus Wasserstoff. 4,83 g aus Feuchtigkeit 0,59 „ Summe . . . . . 5,42 g	Mit 2,71 Molen Wasserdampf . 5,42 g

50. Bei der Verbrennung der Ruhrkohle tritt ein Rostdurchfall auf wie der im Beispiel 41 auf Seite 38. Die Gasanalyse ergebe wieder im Mittel aus mehreren Bestimmungen 9,20% CO_2. Es ist die Stoffbilanz aufzustellen.

Für unser Diagramm bzw. für unsere Berechnungen kommen jetzt entsprechend Seite 47 folgende Zahlen in Betracht:

CO_2-Gehalt der Rauchgase bei der theoretischen Luftmenge	18,62%
a	0,972
Verbrennungsgasmenge bei theoretischer Luftmenge	30,5 Mole
darin Kohlensäure	5,7 „
daher Stickstoff	24,8 „
Luftüberschuß	0,994fach
theoretische Luftmenge	31,35 × 22,4 l
Luftüberschuß	31,16 × 22,4 l

	Per 100 g Kohle treten in die Feuerung ein:		Per 100 g Kohle treten aus der Feuerung aus:	
Kohlenstoffbilanz	Mit 100 g Kohle .	72,21 g	Mit 11,43 g Rostdurchfall . . .	4,03 g
			Mit 5,68 Molen Kohlensäure . .	68,16 „
			Summe	72,19 g
Sauerstoffbilanz	Mit 100 g Kohle:		Mit 5,68 Molen CO_2	181,8 g
	Aus Sauerstoff .	10,29 g	Mit 31,16 mal 22,14 l Luft als Überschuß	208,6 „
	Aus Wasser . .	4,68 „	Mit 2,71 Molen Wasserdampf .	43,36 „
	Aus 62,51 mal 22,4 l Luft	418,69 „		
	Summe	433,66 g	Summe	433,8 g

Es ist nicht immer notwendig, die Stoffbilanz vollständig durchzuführen. In vielen Fällen genügt es, den Zusammenhang zwischen Brennstoff und Rauchgasen nur soweit zu ermitteln, daß man sagen kann, wieviel Kohlensäure, wieviel permanente Gase und wieviel Wasserdampf treten per 100 g verbrauchter Kohle aus der Esse aus. Man stützt sich dann zunächst auf den Kohlenstoffgehalt der Kohle und des Rauchgases, errechnet die per 100 g Kohle entstehenden Mengen trockenen Rauchgases, scheidet aus diesen die Kohlensäure aus und fügt schließlich aus der Kohlenanalyse die Wassermengen hinzu. Man verfährt besonders dann so, wenn ein einzelner Fall ins Auge zu fassen ist.

51. Beispiel 50 ist in dieser Weise zu behandeln.

Per 100 g Kohle gehen 68,18 g Kohlenstoff in die Rauchgase, 22,4 l derselben enthalten nach der Gasanalyse 0,092 Mole Kohlensäure, enthaltend 1,104 g Kohlenstoff. Daraus folgt, daß die 68,18 g Kohlenstoff der Kohle 68,18 : 1,104 = 61,7 Mole Rauchgas bilden können. Hiervon sind nun 0,092 × 61,7 Mole Kohlensäure, d. i. 5,68 Mole, so daß für die permanenten Gase Sauerstoff und Stickstoff verbleiben 56,0 Mole.

Aus der Kohlenanalyse entnehmen wir noch, daß per 100 g Kohle an Wasserdampf gebildet wird:

aus Feuchtigkeit	0,30 Mole
„ Wasserstoff	2,41 „
Summe	2,71 Mole.

Wir hätten dieses Beispiel auch etwas anders behandeln können.

Die 68,18 g Kohlenstoff stellen uns 5,68 Grammatome Kohlenstoff vor. Nun enthält das Rauchgas per 22,4 l 0,092 Grammatome Kohlenstoff. Es bilden sich deshalb aus 100 g Kohle 5,68 : 0,092 = 61,7 Mole Rauchgas.

Kalorimetrie.

Wir haben bis jetzt nur die Stoffe betrachtet, welche an der Verbrennung beteiligt sind. Nun ist aber der Zweck jeder Feuerung die Erzeugung von Wärme, und wir werden deshalb die Verbrennung auch von diesem Standpunkt aus betrachten müssen.

Wir kommen zu dem Begriff der Wärme dadurch, daß wir einen und denselben Körper in zwei verschiedenen Zuständen vorliegen haben. So wissen wir, daß das Wasser in einem Gefäß uns verschieden erscheint, je nachdem wir es einfach auf dem Tisch haben stehen lassen oder durch längere Zeit der Einwirkung heißer Körper, den Flammengasen, der Herdplatte ausgesetzt haben. Das, was wir direkt wahrnehmen, bezieht sich auf unseren Tastsinn; wir sagen, das Wasser ist heiß geworden, oder in der Sprache der Physik, die Temperatur des Wassers ist gestiegen. Wir machen nun für diese Erscheinung die Wärme verantwortlich und sagen: Die Zunahme der Temperatur eines Körpers wird dadurch hervorgerufen, daß eine **Wärmemenge** auf den Körper übergegangen ist. Wir sprechen also von Wärmemengen, wie wir von Mengen irgendeines Stoffes sprechen. Dabei müssen wir uns freilich vor Augen halten, daß Wärmemengen nie selbständig auftreten können, sondern immer an Stoffe gebunden sind, so daß diese als Träger der Wärme erscheinen. Je mehr Wärme nun in einem Körper steckt, desto höher ist seine Temperatur.

Wenn wir einen Körper abkühlen, so werden wir die Erwartung hegen, daß die Wärmemenge, welche wir bei seiner Erwärmung in ihn hineingebracht haben, wieder aus ihm austreten werde. Tatsächlich bemerken wir, daß die Temperatur der Umgebung steigt, und also Wärme in diese übergetreten sein muß. Das führt uns auf den Gedanken, Wärmemengen zu messen. Als umgebendes Mittel wählen wir Wasser und als Einheit der Wärmemenge soviel als notwendig ist, um die Einheit der Wassermenge — 1 kg — um die Einheit der Temperatursteigerung — 1° C — zu erwärmen. Diese Einheit der Wärmemenge heißt Kalorie (Abkürzung: Kal.).

Beispiele:

52. In einem Gefäß befinde sich 1 kg Wasser. Die Temperatur desselben sei 17° C. Wir stellen das Gefäß auf einen Spirituskocher und belassen es daselbst durch 3 Minuten. Die Temperatur sei dann auf 80° C gestiegen. Wieviel Kalorien wurden dem Wasser zugeführt?

Um das Wasser um 1° C zu erwärmen, ist 1 Kal. notwendig. Nun wurde aber das Wasser um 80 — 17 = 63° C erwärmt. Es hat also hintereinander 63 mal je eine Kalorie aufgenommen, also im ganzen 63 Kal.

53. Wieviel Kalorien liefert unser Spirituskocher in 1 Minute? (21 Kal.)

54. In einem Gefäß befinden sich 6 l Wasser. Dieses Wasser werde auf irgendeine Weise von 17° C auf 30° C erwärmt. Wieviel Kalorien müssen dem Wasser zugeführt worden sein? Um 1 l Wasser von 17° C auf 30° C zu erwärmen, sind 13 Kal. notwendig. Nun wurden aber 6 l Wasser erwärmt; es wurde also für jeden dieser Liter die 13 Kal. verbraucht, somit im ganzen 13 × 6 = 78 Kal.

55. Ein heißer Körper — etwa ein Stück Eisen — werde in eine gemessene Menge kalten Wassers geworfen. Gewicht des Wassers 20,34 kg. Temperatur des Wassers vor dem Versuch 10° C. Temperatur des Wassers nach dem Versuch 12,3° C. Welche Wärmemenge ist aus dem Körper in das Wasser übergetreten?

Wir wissen nun, daß bei der Verbrennung Wärme entsteht. Um einen vollkommenen Einblick in die dabei vorkommenden Erscheinungen zu gewinnen, werden wir deshalb versuchen, sie auch durch Zahlen zu beschreiben.

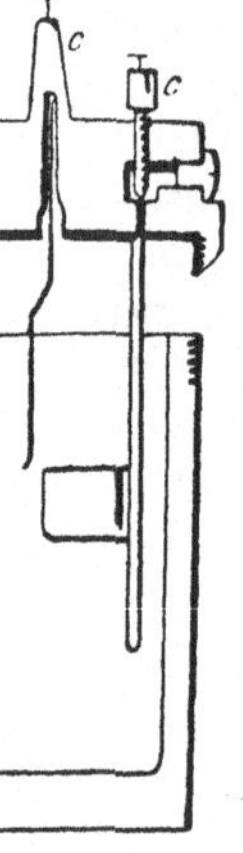

Fig. 13.

Zu diesem Zweck müssen wir uns vorerst eine Vorstellung davon verschaffen, wie es denn möglich gemacht werden kann, die bei solchen Veränderungen, wie die Verbrennung eine ist, auftretenden Wärmemengen überhaupt zu messen. Dieses Ziel ist heute verhältnismäßig leicht erreichbar. Wir wissen, daß die Verbrennung immer statthaben kann, wenn der Brennstoff neben genügenden Mengen Sauerstoff vorhanden ist. Wir können ihn also in ein dicht verschließbares Gefäß, eine sog. Bombe (Fig. 13) bringen und nun soviel Sauerstoff einpressen, daß wir für die Verbrennung jedenfalls genug haben. In der Regel wählt man für Kohlen Bomben aus Stahl mit einem Inhalt von $^1/_4$ bis $^1/_2$ l und preßt Sauerstoff bis zu einem Druck von 20 Atmosphären ein. Die zu verbrennende Kohlenmenge beträgt 1 bis 1,5 g. Hat man nun eine solche Bombe beschickt, so bleibt noch die Schwierigkeit, die Verbrennung einzuleiten. Das geschieht durch eine elektrische Zündung, welche aus einem dünnen Eisendraht besteht, der mit der Kohle in Berührung ist. Sendet man durch ihn einen entsprechend starken Strom, so kommt er zum lebhaften Glühen und vermittelt die Entzündung, die in dem verdichteten Sauerstoff mit großer Geschwindigkeit sich fortpflanzt. Denken wir uns nun diese Bombe nach der Beschickung in Wasser gestellt, so kann die bei der Verbrennung entwickelte Wärme nirgends anders hin wie in das Wasser. Die Ablesungen an einem im Wasser befindlichen Thermometer vor und nach der Verbrennung geben uns dann die Möglichkeit, die Verbrennungswärme direkt in Kalorien auszurechnen. Dabei ist freilich noch eine Vorsicht zu gebrauchen. Denn es wird nicht nur das Wasser des Kalorimeters erwärmt, sondern auch die Bombe, das Thermometer und das Gefäß, in welchem sich das Wasser befindet. Diese Dinge brauchen aber zu ihrer Erwärmung auch Wärmemengen. Man zieht sie dadurch in Betracht, daß man durch besondere Versuche erst ermittelt, welche Wärmemenge für die Erwärmung dieser Gegenstände um 1° C erforderlich ist, und späterhin zu dem Wassergewicht, das man wirklich verwendet, eine entsprechende Menge, den sog. Wasserwert hinzuzählt, um den Fehler auszugleichen.

Beispiele:

56. 1,2 g Kohle werden in einer kalorimetrischen Bombe verbrannt. Gewicht des Wassers 2,100 kg; Wasserwert des Kalorimeters 0,350 kg. Temperatur vor dem Versuch 14,23 °C, Temperatur nach dem Versuch 16,57° C. Welche Wärmemenge wurde bei der Verbrennung entwickelt?

Um das Wasser, die Bombe, das Thermometer usw. um 1° C zu erwärmen, benötigen wir nach den obigen Angaben 2,100 + 0,350 Kal. Nun wurde aber eine Temperatursteigerung von 2,34° C beobachtet; es wurden somit 2,450 × 2,34 = 5,733 Kal. entwickelt.

57. Wieviel Kalorien würde 1 kg des in Beispiel 56 untersuchten Brennstoffes bei der vollkommenen Verbrennung liefern?

1,2 g	Brennstoff entwickelten . .	5,733 Kal.
1 g	Brennstoff entwickelt sonach	4,777 ,,
1000 g	Brennstoff entwickeln . . .	4777 ,,

Man nennt nun die Zahl der Kalorien, welche bei der Verbrennung eines Kilogramms Brennstoff entstehen, die Verbrennungswärme oder auch den Brennwert, Heizwert. Dabei sind nun freilich die Angaben nicht immer gleichmäßig. Manche nennen die Verbrennungswärme von 1 g Brennstoff den Heizwert, geben ihn aber dann in sog. kleinen Kalorien an, von welchen 1000 eine große Kalorie — mit der wir hier rechnen — bilden. Nachdem die Brennstoffmenge ein Tausendstel der von uns gewählten beträgt und auch das Maß ein Tausendstel unseres Maßes beträgt, so kommt die gleiche Zahl heraus. Nur wird dann statt des Zeichens Kal. das Zeichen kal. gebraucht. Andere wollen diese Unsicherheit dadurch umgehen, daß sie den Ausdruck Kalorien überhaupt vermeiden und dafür Wärmeeinheiten (Abkürzung: WE) schreiben. Sie würden dann sagen: Unsere Kohle hat einen Heizwert von 4777 WE, worunter zu verstehen ist, daß 1 kg der Kohle 4777 Kal. oder 1 g 4777 kal. entwickelt.

Wir erkennen nun, daß die hier besprochene Bestimmungsmethode uns in den Stand setzt, die in einem Ofen erzeugte Wärmemenge zu bestimmen. Bei dieser Berechnung haben wir freilich auf manches Rücksicht zu nehmen. Wir wollen deshalb erst einzelne übersichtliche Fälle besprechen, ehe wir uns der Hauptaufgabe zuwenden.

Wir haben als einfachsten Fall einer Verbrennung die des Kohlenstoffs besprochen. Wir erweitern nun unsere Kenntnisse und betrachten die dabei auftretenden Wärmemengen. Da ergibt es sich, daß es nicht einerlei ist, in welcher Form uns der Kohlenstoff vorliegt. Er bildet die Körper Diamant, Graphit, Ruß, Holzkohle, Koks usw. Wenn wir nun im Kalorimeter die Verbrennungswärmen dieser Stoffe bestimmen, bekommen wir ziemlich abweichende Zahlen. Daher kommt es, daß wir in verschiedenen Büchern auch oft verschiedene Zahlen für die Verbrennungswärme des Kohlenstoffs angegeben finden. Wir müssen da eine Auswahl treffen und werden diese Größe im folgenden mit 8100 Kal. für 1 kg Kohlenstoff schreiben. Wir können nun sagen: Bei der Verbrennung von Kohlenstoff entsteht Kohlensäure und Wärme. Da könnten wir nun diese Wärmemenge auch gleich in unsere Gleichung hineinnehmen. Sie bezieht sich aber auf 12 g Kohlenstoff. Diese geben bei der Verbrennung 97,2 Kal. Deshalb lautet die Gleichung:

$$C + O_2 = CO_2 + 97{,}2 \text{ Kal.}$$

oder für Luft:

$$C + O_2 + 3{,}78\, N_2 = CO_2 + 3{,}78\, N_2 + 97{,}2 \text{ Kal.}$$

Ähnlich können wir beim Wasserstoff verfahren. Dabei ergibt sich jedoch eine Schwierigkeit. Denken wir uns eine bestimmte Menge Wasserstoff im Kalorimeter verbrannt, so werden wir das gebildete Wasser im flüssigen Zustand erhalten, weil unsere Versuchstemperatur in der Nähe der Zimmertemperatur liegt, bei welcher ja das Wasser flüssig ist. Nun erhalten wir das Wasser bei der Verbrennung in einer Feuerung nie im flüssigen Zustand. Außerdem wird bei der Verdampfung des Wassers eine sehr erhebliche Wärmemenge gebunden, d. h., verbrennen wir Wasserstoff im geschlossenen Raum, so daß das gebildete Wasser im flüssigen Zustand auftritt, so erhalten wir viel mehr Wärme, wie wenn wir dieselbe Menge Wasserstoff so verbrannt hätten, daß nur gasförmiges Wasser fortgegangen wäre. Um nun da der Wirklichkeit zu entsprechen, müssen wir eine Rechnung durchführen.

Wir gehen dabei von einem Lehrsatz der Physik aus, dessen wir uns noch öfter werden bedienen müssen. Er lautet:

Wenn irgendein Ding eine Veränderung erleidet, bei welcher Wärmemengen entstehen oder verbraucht werden, so ist die erzeugte oder verbrauchte Wärme immer die gleiche, wenn wir von demselben Anfangszustand zu demselben Endzustand übergehen, gleichgültig, ob wir das Ziel direkt oder auf einem Umweg erreichen.

Wir können aus dem Wasserstoff in der Bombe direkt flüssiges Wasser gewinnen. Wir können aber auch den Wasserstoff so verbrennen, daß wir nur Wasserdampf erhalten und können diesen Wasserdampf dann durch Zusammendrücken verflüssigen. Beide Male erhalten wir nach dem erwähnten Satz die gleiche Wärmemenge. Nur ist sie im zweiten Fall geteilt. Die bei der Verflüssigung des Wassers auftretende Wärmemenge ist da erst hintennach gewonnen worden. Würden wir sie kennen, so könnten wir aus der gesamten, in der Bombe bestimmten Wärme und dieser Zahl durch Subtraktion die Wärmemenge finden, die bei der Verbrennung des Wassers zu gasförmigem Wasser zu gewinnen ist. Wir wenden nun unseren Satz noch einmal an, und zwar auf das flüssige Wasser. Belassen wir es bei seiner Temperatur und im abgeschlossenen Raum, so können wir weder Wärme aus ihm gewinnen, noch kann das Wasser Wärme aufnehmen. Es müßte ja sonst eine Änderung eintreten, und das wollen wir nicht. Wir können aber das Wasser auch verdampfen und dann wieder in flüssiges Wasser verwandeln. Dann haben wir wieder denselben Zustand. Es darf also auch dann keine Wärme gewonnen oder verloren worden sein. Nun wissen wir, daß das Verdampfen des Wassers stets mit einem Aufwand an Wärme verbunden ist. Denn wir erinnern uns, daß überall dort, wo Wasser verdunstet, die Temperatur sinkt, wenn nicht gleichzeitig aus irgendeiner Wärmequelle die verlorene Wärme nachgeliefert wird. Wenn nun beim Verdampfen und darauffolgenden Verflüssigen keine Wärme verloren gehen kann, so muß beim Verflüssigen ebensoviel Wärme gewonnen werden, als wir für die Verdampfung haben aufwenden müssen. Wir können also die Wärmemenge erfahren, die wir bei der Verbrennung des Wasserstoffs zu flüssigem Wasser mehr bekommen als bei der zu gasförmigem Wasser, wenn wir nur die Wärmemengen kennen, die zur Verdampfung des Wassers notwendig sind. Diese Wärmemenge beträgt nun für das Kilogramm Wasser rund 600 Kal.

1 kg Wasserstoff gibt bei der Verbrennung zu flüssigem Wasser die Wärmemenge von 34 400 Kal. Für die Verdampfung der dabei entstandenen 9 kg Wasser würden wir 5400 Kal. verbrauchen. Es verbleibt sonach bei der Verbrennung des Wassers zu Wasserdampf die Wärmemenge von 29 000 Kal. Auch hier können wir die Wärmemengen wieder in unsere Gleichung einbeziehen und haben nur die Umrechnung auf 36 g Wasser bzw. 4 g Wasserstoff vorzunehmen. Wir schreiben:

$$2\,H_2 + O_2 = (H_2O)_{fl} + 137{,}6\ \text{Kal.}$$
$$2\,H_2 + O_2 = (H_2O)_g + 116{,}0\ \text{Kal.}$$

Wir erkennen nun, daß wir die durch die Bestimmung im Kalorimeter gefundene Verbrennungswärme erst um einen entsprechenden Betrag vermindern müssen, weil wir in der Bombe alles Wasser flüssig erhalten haben. Da müssen wir erst die überhaupt gebildeten Wassermengen kennen. Wir errechnen sie aus der Analyse oder bestimmen sie dadurch, daß wir nach dem Versuch die erwärmte Bombe durch einen Luftstrom trocknen und das mit dieser Luft fortgeführte Wasser auffangen und wägen. Für jedes Gramm in der Bombe gebildeten Wassers haben wir für die Verdampfung 0,6 Kal. in Abzug zu bringen. Es erfolgen nun die Angaben der Heizwertbestimmung nicht immer in der gleichen Weise. Manche Laboratorien geben unmittelbar den dem mit Bombenkalorimeter gefundenen Heizwert an, andere ziehen von dieser Zahl die für die Verdampfung des Wassers notwendige, also in der Feuerung nicht zum Vorschein kommende Wärmemenge ab. Damit nun der Empfänger der Analyse weiß, welche Zahl ihm angegeben wird, unterscheidet man die Zahlen als „oberen" und „unteren" Heizwert. Der letztere wird manchmal auch als „nutzbarer" Heizeffekt bezeichnet.

Beispiel:

58. Die Analyse einer Kohle ergab:

Feuchtigkeit + hygr. Wasser	11,26 %
Kohlenstoff	56,25 %
Wasserstoff	4,08 %
Sauerstoff	17,09 %
Asche	9,32 %
Oberer Heizwert	5615 Kal.

Die Angabe „oberer Heizwert" stellt also die Zahl vor, die unmittelbar aus der kalorimetrischen Bestimmung errechnet worden ist. Sie bezieht sich auf flüssiges Wasser als Produkt der Verbrennung. Nun sind mit der Kohle per Kilogramm 0,1126 kg flüssiges Wasser in das Kalorimeter gekommen. Diese wurden wieder als flüssiges Wasser gewonnen, haben somit auf die Wärmeentwicklung keinen weiteren Einfluß. Aus den 0,0408 kg Wasserstoff sind 0,3672 kg Wasser gebildet worden, die nun auch im flüssigen Zustand in der Bombe sich befinden. Wir haben also dort im ganzen 0,4798 kg Wasser per 1 kg Kohle. Wenn wir die Kohle nun in einer Feuerung verbrennen, so tritt all dies Wasser als Dampf auf, und es werden deshalb 600 $\times$ 0,4798 = 287,9 Kal. weniger entwickelt. Wir berücksichtigen dies, indem wir schreiben:

Unterer Heizwert . . . . . 5327 Kal.

Obwohl heute die Einrichtung für die Durchführung kalorimetrischer Bestimmungen ziemlich verbreitet ist, so besitzt doch nicht jedes Laboratorium eine solche. Auch wird man vielfach nicht in der Lage sein, viel Geld auf die Analysen zu opfern und sich lieber mit einem angenäherten Resultat begnügen. Man errechnet sich dann den Heizwert aus der chemischen Analyse. Der Grundgedanke dieser Berechnungsmethode ist der: Die durch die Analyse ausgewiesenen brennbaren Substanzen dürften bei ihrer Verbrennung, wenn sie einzeln nebeneinander vorliegen würden, eine Wärmemenge entwickeln können, die von der Verbrennungswärme der Kohle nicht wesentlich verschieden ist. Dabei ergibt sich eine Schwierigkeit. Der Wasserstoff kann neben dem Sauerstoff nicht gut als vollkommen unverbrannt gelten. Man macht deshalb die freilich willkürliche Annahme, aller Wasserstoff der Kohle sei in dieser als Wasser vorhanden, soweit die Sauerstoffmenge dazu ausreicht. Nur der Rest, den wir schon früher als disponiblen Wasserstoff kennengelernt haben, entwickle bei der Verbrennung Wärme. Auf Grund dieser Überlegung wurde nun durch die sog. Verbandsformel folgender Berechnungsvorgang für den unteren Heizwert der Kohle festgelegt.

Beispiel:

59. Es ist der Heizwert der Kohle Beispiel 58 aus der Analyse zu errechnen.

0,5825 kg C geben bei der Verbrennung	4718 Kal.
0,0194 kg disp. H geben bei der Verbrennung zu Wasserdampf	563 „
Summe	5281 Kal.
Aus dieser Wärmemenge ist aber noch die zur Verdampfung des als Feuchtigkeit bezeichneten Wassers notwendige Wärme zu bestreiten, d. i.	68 „
so daß verbleiben	5213 Kal.

Wir sehen, daß die Übereinstimmung in den Resultaten keine besondere ist. Immerhin genügt der so errechnete Heizwert in den meisten Fällen, weil eben auch die anderen Beobachtungsresultate an Genauigkeit zu wünschen übrig lassen, und weil wir den Schwerpunkt eines feuerungstechnischen Versuches vielfach nicht in einer Zahl, sondern vielmehr in dem Überblick über die vorliegenden Verhältnisse suchen sollen. Handelt es sich freilich um Garantieversuche oder kommt es sonst aus irgendeinem Grund auf ein möglichst genaues Endresultat an, dann werden wir uns mit dem berechneten Heizwert nicht begnügen, sondern ihn kalorimetrisch bestimmen lassen.

Spezifische Wärme.

Wir haben in Beispiel 55 Seite 52 die Wärmemenge gemessen, welche aus einem heißen Körper bei seiner Abkühlung austritt. Diese Wärmemenge hängt nun naturgemäß ab von dem Gewicht des abkühlenden Körpers, seiner Anfangs- und seiner Endtemperatur, d. h. sie ist eine umso größere, je schwerer der Körper ist, je heißer er am Anfang ist und je kälter er am Ende ist. Um nun ein Zahlenmaterial zu gewinnen, das allgemein brauchbar ist, hat man durch besondere Messungen festgestellt, wieviel Wärme 1 kg eines Stoffes bei der Abkühlung um 1° C liefert, und nennt diese Wärmemenge die spezifische Wärme. Nachdem für die Erwärmung um 1° C ebensoviel Wärme notwendig ist, als wir bei der Abkühlung um 1° C gewinnen, so gibt die spezifische Wärme auch die Anzahl von Kalorien an, welche verbraucht wird, wenn wir 1 kg eines Stoffes um 1° C erwärmen.

Beispiele:

60. Wie groß ist die spezifische Wärme des Wassers?

1 kg Wasser braucht zu seiner Erwärmung um 1° C 1 Kalorie. Es ist daher die spezifische Wärme des Wassers gleich 1.

61. Die spezifische Wärme des Silbers ist 0,05449 Kal. Wieviel Kalorien sind notwendig, um 1 kg Silber von 17° C auf 100° C zu erwärmen?

1 kg Silber braucht für die Erwärmung um 1° C . . . . 0,055 Kal.
1 kg Silber braucht für die Erwärmung um 83° C . . . . . 0,055 × 83 „
d. i. 4,57 Kal.

62. Man berechne, welche Wärmemengen notwendig sind, um ein Stück Silber von 0,75 kg Gewicht von 0° C auf 10, 20, 30, 40, . . . 100° C zu erwärmen.

0,75 kg Silber brauchen zur Erwärmung von 0° C auf 1° C 0,055 × 0,75 = 0,0409 Kal. Deshalb werden gebraucht zur Erwärmung:

°C	Kal.	°C	Kal.
0	0	50	2,0434
10	0,4087	60	2,4521
20	0,8174	70	2,8608
30	1,2260	80	3,2694
40	1,6347	90	3,6781
		100	4,0868

Wir haben uns so eine Tabelle errechnet, die uns für unser Silberstück angibt, wieviel Wärme wir zu seiner Erwärmung von 0° C auf eine bestimmte Temperatur brauchen, oder was dasselbe ist, wieviel Wärme wir bei seiner Abkühlung von dieser Temperatur auf 0° C aus ihm gewinnen können. Wir nennen nun diese Wärmemenge den Wärmeinhalt des Silberstückes bei der gegebenen Temperatur. Eine solche Tabelle erscheint auf den ersten Blick ziemlich überflüssig, weil wir ja die darin enthaltenen Zahlen jederzeit berechnen können. Sie hat auch im vorliegenden Fall wenig Bedeutung, gewinnt aber eine solche sofort, wenn, wie es in Wirklichkeit der Fall ist, die Wärmemenge, die zur Erwärmung von 0° C auf 1° C notwendig ist, nicht ganz genau dieselbe ist, wie die, welche wir brauchen, um den Körper von 50° auf 51° C oder von 100° auf 101° C zu erwärmen. Die Abweichungen, die sich da ergeben, sind recht geringfügig, so daß wir sie nicht berücksichtigen müssen, solange wir es nur mit verhältnismäßig kleinen Temperaturdifferenzen zu tun haben. Kommen jedoch, wie gerade in der Feuerungstechnik, große Temperaturunterschiede vor, dann sind ja die Zahlen für die spezifischen Wärmen mit großen Zahlen zu multiplizieren und dann wird auch der Fehler, den wir etwa machen, so vergrößert, daß er im Endresultat in die Wagschale fällt.

Wir geben im folgenden eine Tabelle an, die den Wärmeinhalt desselben Silberstückes anzeigt, wenn wir uns auf genauere Messungen stützen.

°C	Kal.	°C	Kal.
0	0	50	2,0471
10	0,4088	60	2,4579
20	0,8180	70	2,8686
30	1,2274	80	3,2796
40	1,6371	90	3,6909
		100	4,1025

Es ist aber nun die Frage, wie wir mit einer solchen Tabelle zu rechnen haben.

Beispiele:

63. Wie groß ist der Wärmeinhalt des Silberstückes bei 63° C?

Wir finden ihn bei	60° C	zu	2,458 Kal.
„	70° C	„	2,869 „
	Differenz		0,411 Kal.

Bei einer Temperatursteigerung von 10° C steigt demnach zwischen 60° C und 70° C der Wärmeinhalt um 0,411 Kal.; bei einer Temperatursteigerung um 1° C steigt er um 0,0411 Kal.; bei einer Temperatursteigerung um 3° C steigt er um $3 \times 0,0411 = 0,1233$ Kal. Er ist um 0,1233 Kal. höher als bei 60° C und demnach gleich 2,681 Kal.

64. Wieviel Wärme gibt das Silberstück ab, wenn wir es von 84° C auf 17° C abkühlen lassen?

Wir finden durch die gleiche Rechnung wie im Beispiel 63:

Wärmeinhalt bei	84° C .	3,448 Kal.
„ „	17° C .	0,695 „

Die bei der Abkühlung von 84° C auf 17° C abgegebene Wärmemenge ist nun gleich der Differenz der beiden Wärmeinhalte, also 2,753 Kal.

Es folgt das aus dem im vorigen Kapitel angeführten Lehrsatz. Denn die abgegebene Wärmemenge ist ja dieselbe, ob wir den Körper direkt von 84° C auf 17° C abkühlen lassen, oder ob wir ihn erst auf 0° C abkühlen und dann wieder auf 17° C erwärmen. Nun gewinnen wir bei der Abkühlung auf 0° C den ganzen Wärmeinhalt von 3,448 Kal. Für die Erwärmung auf 17° C haben wir aber 0,695 Kal. aufzuwenden, so daß als gewonnen nur die Differenz von 2,753 Kal. verbleibt.

Wir haben aus diesen Betrachtungen gelernt, daß wir nur eine Tabelle für die Wärmeinhalte eines Körpers brauchen, um die bei einer beliebigen Abkühlung gewinnbaren Wärmemengen zu ermitteln. Für die Feuerungstechnik haben nun von allen Körpern die Gase das größte Interesse, weil sie, abgesehen von der Asche, das einzige Produkt der Verbrennung bilden. Dabei ist es oft gar nicht notwendig, ihre Anfangstemperatur zu kennen, weil wir ja ihren ursprünglichen

Wärmeinhalt aus dem Heizwert kennen. Das scheint vielleicht auf den ersten Blick nicht ganz einleuchtend. Wir wissen aber, daß bei der Verbrennung eine Wärmemenge entsteht, die wir aus dem Heizwert leicht rechnen können. Diese Wärmemenge kann nun im allerersten Augenblick gar nirgends anders hinkommen als in die Gase, die bei der Verbrennung entstehen, weil ja in der unmittelbaren Umgebung des Brennstoffs in der Regel kein anderer Körper sich befindet. Die Wärme wird erst von den Gasen, der Flamme, fortgetragen und an den Ofen abgegeben. Es ist also im ersten Augenblick gewiß, alle entstandene, also die aus dem Heizwert ermittelte Wärme, in den Flammengasen enthalten und wir können somit, ohne die Temperatur derselben zu kennen, ihren Wärmeinhalt aus dem Heizwert errechnen. Anders steht es aber mit den Essengasen, also den Gasen, die den Ofen verlassen und deren Wärme nur mehr dazu ausgenützt wird, die Esse zu heizen, damit die Feuerung den notwendigen Zug besitze. Von diesen Gasen müssen wir die Temperatur kennen, um ihren Wärmeinhalt berechnen zu können.

Es wäre unpraktisch, die Gasmengen in Kilogramm auszudrücken, weil wir dann Umrechnungen vorzunehmen hätten, Wir führen deshalb in unserer Tabelle die Wärmeinhalte der Gase pro Mol an, damit wir die der Stoffbilanz entnommenen Zahlen zu den weiteren Rechnungen benutzen können. Wir müssen hierbei noch einer Besonderheit gedenken. Die Messungen haben nämlich ergeben, daß die Wärmeinhalte pro

Tabelle 3.

Temperatur in °C	Wärmeinhalt für 1 Mol			Temperatur in °C	Wärmeinhalt für 1 Mol		
	N_2, O_2, H_2, CO	CO_2	H_2O		N_2, O_2, H_2, CO	CO_2	H_2O
0	0	0	0	1100	7,887	12,62	9,944
100	0,664	0,916	0,841	1200	8,668	13,94	11,03
200	1,338	1,893	1,677	1300	9,460	15,27	12,17
300	2,023	2,926	2,518	1400	10,26	16,61	13,36
400	2,719	4,009	3,368	1500	11,07	17,94	14,62
500	3,425	5,139	4,230	1600	11,90	19,26	15,93
600	4,143	6,311	5,111	1700	12,73	20,58	17,32
700	4,870	7,519	6,013	1800	13,58	21,88	18,79
800	5,609	8,759	6,943	1900	14,43	23,16	20,33
900	6,358	10,03	7,905	2000	15,30	24,41	21,96
1000	7,117	11,32	8,904				

Mol bei gleichen Temperaturen für die sog. permanenten Gase dieselben sind. Wir werden deshalb für sie, d. i. O_2, N_2, H_2, CO, nur eine Kolonne brauchen. Dagegen unterscheidet sich die Kohlensäure und der Wasserdampf wesentlich in dem Wärmeinhalt pro Mol von den permanenten Gasen, und wir werden deren Wärmeinhalte separat notieren müssen.

Beispiele:

65. Welche Wärmemenge ist in den Rauchgasen einer Feuerung per 100 g Kohle enthalten, wenn sie mit Ruhrkohle betrieben wird und mit einfachem Luftüberschuß arbeitet? Die Temperatur der Rauchgase betrage 300° C.

Wir benutzen die Zahlen des Beispiels 47, Seite 44.

6,02 Mole	CO_2	enthalten bei	300° C .	17,61 Kal.
59,06 „	perm. Gase	„ „	300° C .	119,47 „
2,71 „	H_2O-Dampf	„ „	300° C .	6,82 „
			Summe	143,90 Kal.

Diese Wärmemenge geht demnach per 100 g Kohle mit den Essengasen ab.

66. Ein Schmiedeofen werde mit der Braunkohle Seite 24 betrieben. Die Gasanalyse ergibt im Mittel 12% CO_2, die Temperatur der Abgase ist 500° C. Diese Abgase sollen in geeigneter Weise dazu ausgenützt werden, Wasser von 10° C auf 70° C zu erwärmen. Welche Wassermenge kann stündlich vorgewärmt werden, wenn der Ofen in 12 Stunden $^1/_2$ Waggon Kohle verbraucht und die Temperatur der Gase in der Esse noch 350° C betragen soll?

Wir benutzen die Zahlen des Beispiels 44, Seite 41.

5,42 Mole CO_2 sind 12% von 45,2 Molen trockener Gase. Daher bestehen die Abgase per 100 g Kohle aus:

5,42 Molen CO_2
39,8 „ perm. Gasen und dem Wasserdampf.

Dieser setzt sich zusammen wie folgt:

aus disponiblem Wasserstoff	1,30 Mole
„ chemisch gebundenem Wasser .	1,21 „
	2,51 Mole

Da aber in Beispiel 44 die Analyse der trockenen Kohle verwendet wurde, im Ofen jedoch die Kohle mit ihrer Feuchtigkeit verbraucht wird, ist auch diese Wassermenge in die Rechnung einzustellen. Nach Seite 24 enthält die Kohle 26,25% Feuchtigkeit, d. h. es kommen

	26,25 g	Wasser auf	73,75 g	trockene Kohle
und somit	35,60 g	„ „	100,00 g	„ „

35,60 g Wasser sind 1,98 Mole, so daß im ganzen 2,51 + 2,98 = 4,49 Mole Wasserdampf in den Rauchgasen enthalten sind.

5,42 Mole	CO_2	von	500° C	enthalten	27,85 Kal.
39,8 „	perm. Gase	„	500° C	„	136,32 „
4,49 „	H_2O-Dampf	„	500° C	„	19,09 „
				Summe	183,26 Kal.
5,42 Mole	CO_2	von	350° C	enthalten	18,79 Kal.
39,8 „	perm. Gase	„	350° C	„	94,37 „
4,49 „	H_2O-Dampf	„	350° C	„	13,21 „
				Summe	126,37 Kal.

Bei der Abkühlung der Gase von 500° C auf 350° C werden demnach per 100 g trockener oder 135,6 g feuchter Kohle gewonnen: 183,26 — 126,37 = 56,86 Kal. Der Ofen verbraucht nun in 12 Stunden 5000 kg Kohle, also per Stunde 416,7 kg, d. i. 135,6 × 3073 g. Es können sonach per Stunde gewonnen werden: 3073 × 56,86 = 174 800 Kal. Die Steigerung der Wassertemperatur beträgt 60° C, mithin können 174 800 : 60 = 2913 kg Wasser in der Stunde von 10° C auf 70° C vorgewärmt werden.

Wir hätten den Gang der Rechnung auch etwas abkürzen können und wollen den Vorgang hier beschreiben, weil er bei Überschlagsrechnungen oftmals zur Anwendung kommen kann.

Die Abgase von 500° C enthalten wie oben 183,26 Kal. Daraus ergibt sich für je 50° C Temperaturdifferenz eine durchschnittliche Wärmeabgabe von 18,33 Kal. Für 500 —350 = 150° C Temperaturdifferenz dreimal soviel, d. i. 54,99 Kal.

Diese Rechenmethode ist eigentlich falsch, weil sie voraussetzt, daß die spezifischen Wärmen bei höheren Temperaturen dieselben sind wie bei niedrigen. Nun haben wir aber schon hervorgehoben, daß diese Änderung eine allmähliche ist und das Beispiel zeigt, daß wir für Rechnungen, die keine besondere Genauigkeit beanspruchen, diese Änderung nicht berücksichtigen müssen.

Aufstellung der Wärmebilanz.

Das Ziel einer feuerungstechnischen Untersuchung bildet in der Regel die Wärmebilanz. Sie gibt an, wohin die durch die Verbrennung entwickelten Wärmemengen gekommen sind. Wir haben schon im vorigen Kapitel eingesehen, daß nicht unbedeutende Wärmemengen in den durch den Schornstein abziehenden Gasen enthalten sind. Diese Wärme ist für den Ofen naturgemäß verloren und wird deshalb in der Regel als Essenzugverlust bezeichnet. Es muß aber hier gleich hervorgehoben werden, daß die Bezeichnung Verlust hierfür nicht ganz zutreffend ist, weil ja ohne die heißen Gase die Esse keine Zugwirkung hätte und somit die durch die Esse abziehende Wärme, solange sie das notwendige Maß nicht überschreitet, wohl ein Opfer ist, das wir bringen müssen, nicht aber ein eigentlicher Verlust. Zu den Verlusten sind vor allem Wärmemengen zu zählen, die wir hätten für den besonderen Zweck gewinnen können, aber nicht gewonnen haben. Hierher gehören die Verluste, welche die warmen Ofenwände dadurch verursachen, daß sie Wärme an die Umgebung abgeben, und andere. Endlich ist zu den Verlusten auch die nicht entwickelte Wärme zu zählen, d. h. Wärme, die zwar hätte entwickelt werden können, aber infolge der besonderen Verhältnisse nicht entstanden ist. Wir haben uns auch mit dieser Möglichkeit bereits beschäftigt bei Gelegenheit der Besprechung des Rostdurchfalles. Es wird also auch der Rostdurchfall in der Wärmebilanz erscheinen. Damit er aber dort richtig gewertet werden kann, müssen wir ihn im gleichen Maß mit den Wärmen messen, d. h. wir haben ihn nicht mit seinem Gewicht wie in der Stoffbilanz, sondern mit seinem Wärmewert einzustellen. Dieser Wärmewert ist nichts anderes wie die Wärmemenge, die entwickelt werden könnte, wenn der Rostdurchfall verbrannt würde. Er ist leicht aus dem Kohlenstoffgehalt des Rostdurchfalles und der Verbrennungswärme des Kohlenstoffs zu errechnen. Um für alle Fälle vergleichbare Zahlen zu gewinnen, stellen wir die Wärmebilanz schließlich auch wieder in Prozenten dar, wir geben also an, wieviele von 100 in den Ofen gebrachten Kalorien dahin oder dorthin gegangen sind. Wir haben deshalb auch die in den Ofen gebrachten

Brennstoffmengen nicht mit ihrem Gewicht, sondern mit ihrem Wärmewert einzusetzen.

Beispiele:

67. Eine mit Ruhrkohle (Beispiel 32, Seite 25) betriebene Feuerung zeigt in den Essengasen einen mittleren Gehalt von 9,2% CO_2. Die Temperatur der Essengase betrage 280° C (siehe Beispiel 49).

Um zunächst die in den Ofen eintretenden Wärmemengen ermitteln zu können, müssen wir, weil eine Angabe des Heizwertes fehlt, uns diesen errechnen.

0,7221 kg C geben bei der Verbrennung .	5849 Kal.
0,0354 kg H_d „ „ „ „ .	1026 „
Summe	6875 Kal.
Hiervon ab für die Verdampfung von 0,0527 kg H_2O	32 „
Mithin unterer Heizwert	6843 Kal.

Weiter haben wir die austretenden Gasmengen zu ermitteln. 100 g Kohle geben 6,02 Mole Kohlensäure. Diese machen 9,2% der trockenen Gase aus, so daß diese insgesamt 65,4 Mole betragen.

6,0 Mole	CO_2	von 280° C	enthalten	16,31 Kal.
59,4 „	perm. Gase	„ 280° C	„	112,05 „
2,7 „	H_2O-Dampf	„ 280° C	„	6,37 „
			Summe	134,73 Kal.

Per 100 g Kohle erhalten wir also folgende Aufstellung:

In den Ofen treten ein:	Aus dem Ofen treten aus:
Mit Kohle . . 684,3 Kal.	Mit den Essengasen 134,73 Kal.

Es verbleiben sonach im Ofen: 549,6 Kal.

Beziehen wir nun die vorstehenden Angaben auf 100 Kal.:

In den Ofen treten ein:	Im Ofen verbleiben 80,30 Kal.
Mit Kohle . . . 100 Kal.	In den Essengasen 19,70 „

68. Es ist unter sonst gleichen Umständen die Wärmebilanz aufzustellen, wenn ein kohlenstoffhaltiger Rostdurchfall auftritt. Wir erweitern Beispiel 50, Seite 48.

11,43 g Rostdurchfall enthalten 4,03 g Kohlenstoff und haben deshalb einen Wärmewert von 0,00403 $\times$ 8100 Kal., d. i. 32,64 Kal.

Die Gesamtmenge der trockenen Gase per 100 g Kohle ist:

568 : 9,20 = 61,7 Mole.

Der Wärmeinhalt der Rauchgase ergibt sich deshalb wie folgt:

5,7 Mole	CO_2	von 280° C	enthalten	15,50 Kal.
56,0 „	perm. Gase	„ 280° C	„	105,62 „
2,7 „	H_2O	„ 280° C	„	6,37 „
			Summe	127,49 Kal.

In den Ofen treten demnach mit 100 g Kohle ein	684,3 Kal.
Hiervon erscheinen im Rostdurchfall . . .	32,64 „
In dem Wärmeinhalt der Essengase . . .	127,49 „

Beziehen wir wieder auf 100 Kal., so finden wir:

100 in Form von Kohle in den Ofen gebrachte Kalorien erscheinen

im Rostdurchfall	4,77 Kal.
„ Wärmeinhalt der Essengase	18,32 „
und es verbleiben im Ofen . .	76,61 „

69. Es sind für die Temperaturen 200°, 300°, 400° die Essenzugverluste bei steigendem Luftüberschuß für Ruhrkohle bei Verbrennung mit kohlenstofffreiem Rostdurchfall zu errechnen und die gefundenen Zahlen in ein Diagramm einzuzeichnen (Fig. 14).

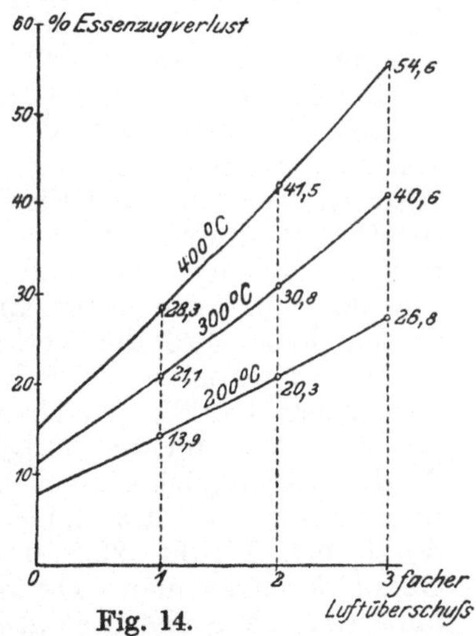

Fig. 14.

Die Aufzeichnung der Essenverluste zeigt uns deutlich, was wir zu tun haben, um eine möglichste Ausnutzung des Brennstoffs zu erzielen. Wir haben den Luftüberschuß tunlichst zu beschränken und die Essengastemperatur möglichst niedrig zu halten. Das liegt allerdings nicht so ganz in unserem Belieben, weil wir ja stets an eine bestehende Feuerungsanlage gebunden sind, und die einzelnen Möglichkeiten durch deren Konstruktion und Betriebsart beschränkt sind.

Wir haben in unseren Rechnungen nur einen oder den anderen Fall erledigt, der uns gerade vorliegt. Es wird uns aber wertvoll sein, alle überhaupt möglichen Fälle mit einem Blick übersehen zu können, und wir werden deshalb uns ein Schaubild verschaffen.

Wir erkennen aus der Art der Berechnung, daß die Linien, welche uns die Essenzugverluste bei einer Temperatur und verschiedenem Luftüberschuß angeben, Geraden sind. Es genügt deshalb, von jeder solchen zwei Punkte zu ermitteln, um sie durch das ganze Schaubild ziehen zu können. Die Steigung jeder Geraden kommt vom Zuwachs an permanenten Gasen. Nun ist bereits im theoretischen Rauchgas Stickstoff, also permanentes Gas enthalten, und zwar 26,08 Mole, d. i. im Verhältnis zur einfachen Luftmenge von 32,98 0,79. Wir schließen daraus: Wenn wir die Geraden nach links verlängern würden, so würden sie in einem Abstand, der der 0,79 fachen Luftmenge entspricht, sich der Abszissenachse soweit genähert haben, als dem prozentigen Essenzugverlust entspricht, der nur der Kohlensäure und dem Wasserdampf zukommt.

Das können wir zur Vereinfachung der Konstruktion benutzen. Wir errichten (Fig. 15) im Abstand der 0,79fachen Luftmenge links von der Ordinatenachse eine Senkrechte. Alsdann berechnen wir wie in Beispiel 69 die Wärmeverluste bei theoretischer Luftmenge, aber so, daß wir erst die Anteile von Kohlensäure und Wasserdampf für sich ermitteln und dann erst die unter Einbeziehung des Stickstoffs. Wir wissen dann, daß die Verluste bei 400° bei 4,9% auf der bei —0,79 gezogenen Vertikalen beginnen und bei der Ordinatenachse 15,2% erreichen, können also die Gerade einzeichnen. Wir hatten übrigens ohne größere Mühe uns auf die Berechnung bei einfachem Luftüberschuß stützen können und vom Punkt 4,9 auf der Vertikalen —0,79 ausgehend durch den Punkt 28,3 bei einfachem Luftüberschuß die Gerade legen können. Die Zeichnung wird dadurch genauer, ohne daß die Mühe eine größere wird. Denn wir ziehen zu dieser Berechnung einfach die 26,08 Mole Stickstoff mit der einfachen Luftmenge von 32,98 von vornherein zusammen und rechnen sonst wie früher.

Da der Rechnungen ohnehin genug sind, wird man sich wenigstens das Umrechnen in Prozente gern ersparen. Man kann dann wie in Fig. 15, anschließend an das Schaubild oder auch auf einem besonderen Blatt, die Verbrennungswärme der Kohle per 100 g in einem beliebigen Maßstab zwischen zwei Punkten auftragen. In einem dieser Punkte errichtet man eine Senkrechte, auf der man wieder einen Maßstab für Kalorien verzeichnet. Zieht man nun im Abstand von 100 Kal. vom anderen Endpunkt eine Senkrechte,

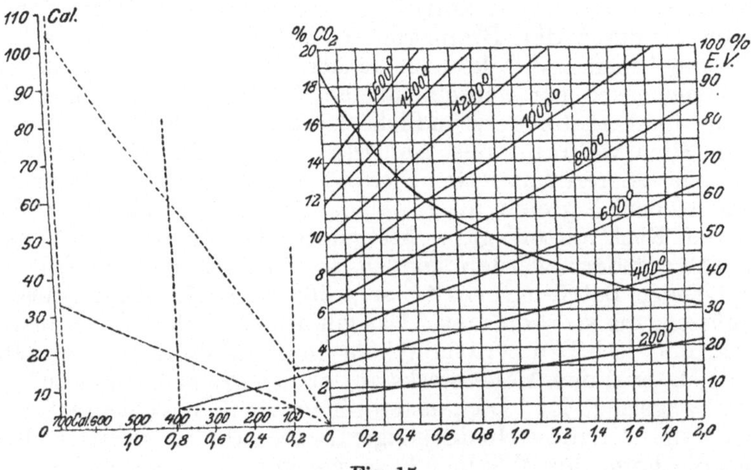

Fig. 15.

so gibt jeder durch diesen Punkt gehende Strahl im Schnitt mit der zuletzt gezeichneten senkrechten an, wieviel Prozent vom Heizwert der Kohle der Abschnitt auf dem Kalorienmaßstab ausmacht. Die Konstruktion besteht in einer einfachen Verkleinerung im speziellen Fall zwischen 684,3 und 100, und bedarf keiner weiteren Erläuterung. Wir kommen dadurch mit den Summen, wie wir sie in Beispiel 69 in den Rubriken „In Kal.“ gebildet haben, aus. Die Verquickung dieser Konstruktion mit der Zeichnung des Schaubildes wie in Fig. 14, dürfte auch keine weiteren Schwierigkeiten machen.

Zu erwähnen wäre noch, daß es sich bei Kalorienzahlen größer wie 100 empfiehlt, nur $^1/_2$, $^1/_3$ usw. davon auf dem Kalorienmaßstab abzumessen und dementsprechend außer der Senkrechten bei 100 Kal. auch eine solche bei 200, 300 usw. Kalorien zu verwenden.

Die Bestimmung der mit den Essengasen abziehenden Wärme wird immer vorgenommen werden müssen. Tritt Kohlenstoff im Rostdurchfall auf, so wird man sich auch immer über die Größe dieses Verlustes Rechenschaft geben müssen. In vielen Fällen ist damit alles getan, was getan werden kann. Liegt etwa ein Stubenofen oder ein Industrieofen vor, der bis zu einer bestimmten Temperatur angeheizt und dann wieder abkühlen gelassen wird, so müssen wir damit zufrieden sein, wenn wir möglichst viel von der durch den Brennstoff erzeugten Wärme im Ofen behalten haben. Wir können da über die Verwendung dieser Wärmemenge oft keinen näheren Aufschluß erhalten, z. B. nur durch recht umständliche Messungen erfahren, wieviel der Ofen während des Anheizens durch die Mauern nach außen verloren hat usw. Diese Verluste sind uns aber meist auch ziemlich gleichgültig, weil das Mauerwerk aus konstruktiven Rücksichten ganz bestimmte Dimensionen hat, die nicht geändert werden können, so daß wir die dadurch erfolgenden Betriebsverhältnisse größtenteils in Kauf nehmen müssen, wie sie kommen. Das gilt insbesondere dann, wenn wir mit den Temperaturen sehr hoch hinaufgehen, so daß das Material des Mauerwerks an der Grenze seiner Beständigkeit angelangt ist. Da müssen wir von außen kühlen, müssen also die Wärmeverluste steigern. Gerade in diesen Fällen ist die Form der Wärmebilanz, wie wir sie bisher aufgestellt haben, die einzig mögliche und für den Betrieb die einzig maßgebende.

Anders liegen die Verhältnisse, wenn, wie bei Dampfkesseln, Trockenanlagen usw., die für den eigentlichen Zweck der Feuerung, also die Erzeugung von Dampf, die Verdampfung von Wasser verbrauchten Wärmemengen ohne besondere Schwierigkeiten und mit großer Genauigkeit bestimmt werden können. Da mißt man auch sie, stellt sie in die Wärmebilanz ein und hat nun in der sich stets ergebenden Differenz auf 100 ein Mittel zur Beurteilung der Größe der übrigen Verluste der Feuerung.

Bei Dampfkesseln mißt man die in den Kessel gespeiste Wassermenge und bestimmt gleichzeitig die verbrauchte Kohlenmenge. Man berechnet dann, wieviel Kilogramm

Dampf man per 1 kg Kohle erzeugt hat und nennt diese Zahl die Verdampfziffer. Bei Versuchen, die keine große Genauigkeit beanspruchen und insbesondere sich über einen längeren Zeitraum erstrecken, wird man keine besonderen Vorsichtsmaßregeln treffen. Bei genauen Versuchen wird man aber zu beachten haben, daß die Wassermenge im Kessel am Anfang und am Ende des Versuches die gleiche ist, wird die Dampfspannung und -Temperatur dauernd kontrollieren, ebenso wie die des Speisewassers. Die zu entwickelnde Genauigkeit hängt von den besonderen Umständen und dem Zweck des Versuches zu sehr ab, als daß sich da ganz bestimmte Vorschriften machen ließen.

Auf Grund der Aufschreibungen über die verbrauchte Kohlenmenge und der Ablesungen an einem in die Speiseleitung eingebauten Wassermesser hätten wir gefunden, daß ein mit Ruhrkohle beheizter Kessel per 1 kg Kohle 7,81 kg Dampf erzeugt. Der Betriebsdruck betrage 8 at. die Temperatur des Speisewassers 12° C.

In der Regel gibt man dann die Wärmebilanz in der Form, daß man sagt: Ich arbeite mit 7,81-facher Verdampfung. Diese Angabe genügt, solange es sich nur um einen und denselben Kessel handelt, und etwa um den Vergleich zweier Brennstoffe, die im gegebenen Fall zur Wahl stehen. Dann läßt sich diese praktische Verdampfziffer direkt für die Berechnung der Gestehungskosten des Dampfes verwenden. Manchmal dividiert man aber einfach den Heizwert des Brennstoffs durch die Zahl 637 und nennt den erhaltenen Quotienten die theoretische Verdampfziffer. Diese Zahl 637 ist die Anzahl von Kalorien, welche 1 kg Wasser von 0° C braucht, um in Dampf von 100° übergeführt zu werden. Schon die Tatsache, daß hier Anfangs- und Endzustände gewählt sind, welche praktisch niemals zutreffen, sowie der Umstand, daß die notwendigen Essenzugverluste gar nicht berücksichtigt sind, lassen diese Ziffer als vollkommen überflüssig, ja verwirrend erscheinen.

Beispiel:

70. Wir nehmen nun an, daß die Gasanalyse und die Temperaturbestimmungen des Beispiels 67 dieser Dampfkesselfeuerung entstammen, und ergänzen die Wärmebilanz.

Zur Verwandlung von 1 kg Wasser von 0° C in Dampf von 8 at, also 170° C, ist eine Wärmemenge von 658 Kal. notwendig. Weil aber unser Speisewasser 12° C hat, so brauchen wir nur 646 Kal.

Mit 100 g Kohle verdampfen wir in unserem Kessel 781 g Wasser und machen mithin eine Wärmemenge von 504,5 Kal. unserem Zweck nutzbar; von den im Ofen verbliebenen 549,6 Kal. entfallen auf die Dampferzeugung 504,5 Kal., auf Verluste 45,1 Kal. Allerdings ist zu bemerken, daß in der Zahl für die Verluste auch alle Fehler stecken, die wir gemacht haben. Hätten wir z. B. die Gasanalyse oder die Brennwertbestimmung um ein Geringes falsch, so würden sich alle Zahlen etwas verschieben und die Summe von all diesen Verschiebungen in diese letzte Ziffer eingehen. Es wird uns deshalb nicht wundernehmen dürfen, wenn gerade sie bei zwei aufeinanderfolgenden, sonst ziemlich gleichen Versuchen erheblich schwankt. Unsere Wärmebilanz nimmt dann folgende Form an:

In die Feuerung treten ein:		Hiervon finden sich:	
Mit Kohle . .	100 Kal.	Im Wärmeinhalt der Essengase	19,7 Kal.
		Im erzeugten Dampf. .	73,7 „
		Verluste der Feuerung und Versuchsfehler.	6,6 „
		Summe	100,0 Kal.

Verbrennungstemperatur.

Wir haben bisher die Erzeugung und Nutzung der Wärmemengen betrachtet. Dieser Gegenstand ist wichtig und spielt die Hauptrolle in den Betrachtungen, solange wir es mit Anlagen zu tun haben, in denen der Zweck leicht erreichbar ist, zu welchem die Feuerung angelegt worden ist. Zu diesen Anlagen gehören die gesamten Kesselfeuerungen. Sie dienen dazu, Dampf zu erzeugen, und wenn wir auch bedenken, daß unter dem Druck des gespannten Dampfes das Wasser erst bei höherer Temperatur siedet, so ist es doch im allgemeinen durchaus nicht schwierig, überhaupt Dampf zu gewinnen.

Es gibt aber viele andere Feuerungen, die uns an die Grenze des überhaupt Erreichbaren führen, die Schmiede-, Schmelzöfen und die Brennöfen der keramischen Industrie. Da kommt es vor allem darauf an, ob wir die zur Erzielung unserer Aufgabe notwendige Temperatur überhaupt erreichen. Wir fragen dann nicht in erster Linie um die Wärmemengen, welche ins Spiel kommen, sondern um die Temperaturen.

Um nun auch dieser Aufgabe näher zu treten, besprechen wir das Diagramm genauer, das wir zuletzt entworfen haben. Da zeigt es sich, daß die Essenzugverluste um so größer werden, je größer der Luftüberschuß ist und je höher die Temperatur der Abgase ist; ja wir kommen bei entsprechender Ausdehnung des Diagrammes nach rechts für jede Temperatur auf einen Luftüberschuß, bei welchem der Essenzugverlust 100% beträgt, d. h. bei welchem durch die Abgase ebensoviel Wärme der Feuerung entführt wird, als in ihr durch die Verbrennung erzeugt wird. Es verbleibt also keine Wärme in dem Ofen, und er kann deshalb in der Temperatur nicht steigen. Wir wissen ja, daß jede Steigerung der Temperatur mit einer Aufnahme von Wärme verbunden ist. Der Ofen muß aber auch die gleiche Temperatur haben wie die Verbrennungsgase, denn wäre er kälter, dann müßten die Gase an ihn Wärme abgeben und könnten nicht 100% der erzeugten Wärme in die Esse entführen. Wir können das auch so erläutern: Haben wir etwa einen Ofen irgendwelcher Art und heizen ihn in der normalen Weise, so wird bei fortgesetzter Feuerung der Ofen allmählich in der Temperatur steigen. Je heißer er aber wird, desto heißer werden auch die Gase, welche den Ofen verlassen, und desto größere Wärmemengen werden sie entführen. Es wird schließlich einen Punkt geben, wo die Wärmemengen, welche der Ofen durch die Abgase verliert, ebenso groß sind wie die, welche ihm durch die Verbrennung zugeführt werden. Dann steigt die Temperatur des Ofens nicht mehr. Aus unserem Diagramm entnehmen wir, daß bei 1,6fachem Luftüberschuß 100% der dem Ofen zugeführten Wärme durch die Essengase entführt werden, wenn diese eine Temperatur von 1000° C besitzen. Dasselbe geschieht bei einem 1,1fachen Luftüberschuß und einer Essengastemperatur von 1200° C usw. Wir können also zu jedem Luftüberschuß diese höchste Temperatur zuordnen und so ein neues Diagramm entwerfen.

Es gibt uns dann dieses den Zusammenhang zwischen Luftüberschuß und Verbrennungstemperatur, und da wir den Zusammenhang zwischen Luftüberschuß, Kohlensäuregehalt der Essengase und Essenzugverlust schon früher festgestellt haben, so sind wir nun über alle bei der Feuerung überhaupt vorkommenden Fragen vollkommen unterrichtet.

Wir dürfen nun freilich nicht außer acht lassen, daß die Errechnung der Verbrennungstemperatur Voraussetzungen hat, die in Wirklichkeit nicht zutreffen, daß wir also bei der Handhabung der errechneten Resultate einige Vorsicht werden walten lassen müssen. Wir sehen, daß auf die Verbrennungstemperatur der Luftüberschuß von wesentlichem Einfluß ist. Nun besteht jede Flamme, wie schon der Augenschein lehrt, nicht aus einem gleichmäßigen Gemisch von Verbrennungsgasen und Luft, sondern aus Schlieren, die sich erst unterwegs dadurch verlieren, daß sich die Gase mischen. Es wird also in der Flamme gewiß Stellen geben, an denen der Luftüberschuß gering, mithin die theoretische Verbrennungstemperatur hoch ist, und andere, an denen der Luftüberschuß augenblicklich groß, mithin die Temperatur niedrig ist. Die Flamme hat somit überhaupt keine einheitliche Temperatur, und das, was wir errechnet haben, stellt nur einen Durchschnittswert vor. Wir könnten ihn nur dann wirklich erreichen, wenn wir von Anfang an ein vollkommen gleichmäßiges Gemisch von Luft und Brennstoff vorliegen hätten und dieses zur Entzündung brächten. Das gäbe aber eine Explosion. Tatsächlich werden bei diesen die theoretischen Verbrennungstemperaturen erreicht. Es gibt aber auch keinen Ofen, der so wie der von uns oben geschilderte keinerlei Wärmeverluste erleiden würde. Es verliert also die Flamme unterwegs immer schon Wärme, und wir werden deshalb die theoretisch errechnete Temperatur nie erreichen. Sie stellt uns vielmehr nur die oberste Grenze vor, und darin liegt die Bedeutung ihrer Bestimmung; denn wir werden immerhin sagen können, daß in den Fällen, in denen die theoretische Verbrennungstemperatur steigt, auch die wirklich erreichbare höchste Temperatur steigt, ja wenn wir an einer Feuerungsanlage uns bereits darüber klar geworden sind, daß die wirklich vorhandene Temperatur immer um ein Gewisses, etwa 300° C, hinter der errechneten zurückbleibt, werden wir sogar mit Hilfe unserer Rechnung für einen neuen Fall die erzielbare Temperatur ziemlich genau zu schätzen vermögen.

Es soll nun noch der Fall erörtert werden, daß die theoretische Verbrennungstemperatur für einen besonderen Fall einzeln bestimmt werden soll, ohne daß wir erst das ganze Diagramm entwerfen.

Beispiele:

71. Es ist die höchste erreichbare Temperatur zu bestimmen, welche bei der Verbrennung unserer Ruhrkohle mit 0,7fachem Luftüberschuß theoretisch erreichbar ist.

Wir schätzen zunächst diese Temperatur und nehmen an, daß sie in der Nähe von 1400° C liegen werde.

Wir bestimmen nun die Zahlen für die Verbrennungswärme von 100 g Kohle und die Mengen der bei 0,7fachem Luftüberschuß entstehenden Gasmengen. Wir finden:

Unterer Heizwert von 100 g Kohle . 684,3 Kal.

Bei 0,7fachem Luftüberschuß entstehen an Essengasen per 100 g Kohle: (vergl. Beisp. 69.)

Kohlensäure	6,02 Mole
Wasserdampf	2,71 „
Permanente Gase	49,14 „

Bei einer Temperatur von 1400° C enthalten diese Gase die Wärmemengen:

in	6,02	Molen	Kohlensäure . . .	99,98 Kal.
„	2,71	„	Wasserdampf . .	36,21 „
„	49,14	„	permanenter Gase	504,17 „
			Summe	640,36 Kal.

Nachdem die Verbrennungsgase bei 1400° C weniger Wärme enthalten, als der Verbrennungswärme entspricht, so liegt die theoretische Verbrennungstemperatur höher wie 1400° C. Wir errechnen nun den Wärmeinhalt der Gase bei 1500° C. Bei 1500° C enthalten:

6,02	Mole	Kohlensäure	107,99 Kal.
2,71	„	Wasserdampf	39,61 „
49,14	„	permanente Gase . .	543,98 „
		Summe	691,58 Kal.

Wir können nun schließen: Für 100° C Temperaturdifferenz beträgt der Unterschied der Wärmeinhalte 691,58 — 640,36

= 51,22 Kal. Für einen Grad demnach 0,512 Kal. Nun enthalten die Gase die ganze Verbrennungswärme, d. i. 684,3 Kal., bei der theoretischen Verbrennungstemperatur mithin um 684,3 — 640,4 = 43,9 Kal. mehr, als sie bei 1400° C enthalten würden. Ihre Temperatur liegt deshalb um 43,9 : 0,512 = 85° C höher als 1400° C, sie beträgt demnach 1485° C. Bequemer und ausreichend genau ist es, die Temperatur aus dem Diagramm zu schätzen. Das Intervall zwischen den Linien des Essenzugverlustes bei 1400 und 1600° C bei der Linie 100% beträgt 6,5 mm. Die dem Luftüberschuß von 0,7 entsprechende Senkrechte geht um etwa 3 mm links von der 1400-Linie. Sie teilt also das Intervall etwa in die Hälfte. Daraus entnehmen wir, daß die Temperatur um die Hälfte von 200° höher liegen dürfte wie 1400, schätzen also auf 1500° C.

72. Wir wollen hier auch noch versuchen, die Temperatur zu errechnen, die wir der Theorie nach erzielen könnten, wenn wir reinen Kohlenstoff ohne Luftüberschuß verbrennen könnten.

Nach der Gleichung:

$$C + O_2 + 3{,}78\,N_2 = CO_2 + 3{,}78\,N_2 + 97{,}2 \text{ Kal.}$$

Bei der theoretischen Verbrennungstemperatur enthalten 1 Mol Kohlensäure und 3,78 Mole Stickstoff 97,2 Kal. Es kommen daher bei oberflächlicher Schätzung auf 1 Mol Gas etwa 20 Kal. Ein Blick in die Tabelle 3 lehrt uns, daß wir diese Temperatur in der Nähe von 2000° C zu suchen haben werden.

Bei 2000° C enthalten:

1 Mol CO_2	24,41 Kal.
3,78 Mole N_2	57,82 „
	82,23 Kal.

Wir erkennen nun, daß unsere Tabelle gar nicht ausreicht. Um aber doch einen Anhaltspunkt zu gewinnen, errechnen wir den Wärmeinhalt des Gasgemisches für die Temperatur 1900° C.

Bei 1900° C enthalten:

1 Mol CO_2	23,16 Kal.
3,78 Mole N_2	54,55 „
	77,71 Kal.

Für eine Temperatursteigerung von 100° C in der Nähe von 2000° ergibt sich eine Zunahme des Wärmeinhaltes von 4,52 Kal. Nun liegt die voraussichtliche Temperatur unserer Verbrennungsgase so hoch, daß ihr Wärmeinhalt um 97,2 — 82,2 Kal. höher ist, wie der bei 2000° C. Es wird also die von uns zu bestimmende Temperatur um 15,0 : 4,53 = 330° C höher liegen wie 2000° C.

Auf besondere Genauigkeit kann dieses Resultat keinen Anspruch machen, weil wir es ohne wirkliche Grundlagen förmlich ins Blaue hinein gerechnet haben. Wir wissen sogar, daß diese Temperatur viel zu hoch ist, weil die Kohlensäure bei dieser Temperatur gar nicht mehr bestehen kann, sondern ebenso zerfällt, wie bei viel geringerer Temperatur der Zucker oder das Holz und andere Stoffe. Wenn sie aber nicht mehr bestehen kann, dann wird sie sich auch erst gar nicht bilden, und dann entsteht auch die von uns vorausgesetzte Wärmemenge gar nicht, d. h. es muß von vornherein die Temperatur eine niedrigere bleiben. Immerhin wird sie sehr hoch sein, ja zu den höchsten durch Brennstoffe überhaupt erreichbaren zu zählen sein.

Thermometrie und Pyrometrie.

Wir haben in den letzten Kapiteln stillschweigend vorausgesetzt, daß uns die jeweils Interesse habenden Temperaturen bekannt sind. Wir wollen nun die Hilfsmittel kurz besprechen, welche wir zu ihrer Ermittlung besitzen.

Da sind in erster Linie die Thermometer zu nennen. Sie genügen überall dort, wo die Temperatur nicht zu hoch steigt. Weil jedoch die Rauchkanäle meist mit den gewöhnlichen kurzen Thermometern nicht erreichbar sind, da das Mauerwerk zu große Dicken besitzt, werden für diese Zwecke eigene Rauchgasthermometer mit langem Hals gebaut, welche bis zu 1 m und darüber lang sind und die Skala erst am obersten Teil tragen. Weil nun überdies diese Thermometer allerhand Beanspruchungen ausgesetzt sind, welche ein gewöhnliches Thermometer nicht auszuhalten hat, schützt man sie gegen leichte Stöße usw. durch metallische Hüllen. Nichtsdestoweniger ist ihr Bruch häufig genug.

Quecksilberthermometer reichen bei gewöhnlicher Füllung nur bis etwa 350°, weil bei dieser Temperatur der Siedepunkt des Quecksilbers liegt. Will man noch höhere Temperaturen messen, dann muß man das Sieden des Quecksilbers dadurch verhindern, daß man es unter einen hohen Druck setzt. Es werden deshalb auch Thermometer erzeugt, welche über dem Quecksilber nicht einen luftleeren Raum besitzen, wie es bei den gewöhnlichen der Fall ist, sondern im leeren Teil des Rohres mit Stickstoff oder Kohlensäure unter Druck gefüllt sind. Mit solchen Instrumenten kann man auch bis 450° messen. Es ist jedoch der Preis ein entsprechend höherer und die Gebrechlichkeit mindestens die gleiche. Es werden heute auch Thermometer bis 550°, ja sogar solche bis 650° angefertigt. Sie kommen aber für die Feuerungstechnik nicht in Betracht. Hat man kein Rauchgasthermometer zur Verfügung, sondern nur ein gewöhnliches, so kann man es auch benutzen, wenn die Temperatur keine zu hohe ist. Man umwickelt dann das thermometrische Gefäß mit Asbest oder hüllt es in Lehm ein, kurz man verhindert, daß das Thermometer nach der Erwärmung sich rasch wieder abkühlen kann. Senkt man nun das Thermometer an einem Draht in den Rauchkanal ein und läßt es längere Zeit in diesem, so nimmt es die Temperatur der Gase an und zeigt dieselbe noch unmittelbar nach dem Herausziehen.

Wir haben gesehen, daß jede übermäßig hohe Temperatur der Essengase einen unnützen Verlust bedeutet. Man hat daher ein Interesse daran, dem Heizer die jeweilige Rauchgastemperatur sofort ersichtlich zu machen. Diesem Zweck dienen Fernthermometer, von welchen die gebräuchlichsten wie ein gewöhnliches Thermometer beschaffen sind, nur daß die einzelnen Bestandteile nicht aus Glas, sondern aus Stahl hergestellt sind, und daß das eigentliche Thermometergefäß größer ist als gewöhnlich. Man verbindet dieses nun durch ein dünnes Stahlrohr von beliebiger Länge mit einer Art Manometer, so daß die Ausdehnung des Quecksilbers auf einen Zeiger übertragen wird, welcher auf einer entsprechend großen Skala spielt. Dadurch kann man das Thermometergefäß an einer beliebigen Stelle einbauen und die Anzeige am Heizerstand ersichtlich machen. Auch diese Thermometer reichen nicht über 360° hinaus (Fig. 16).

Für höhere Temperaturen kommen nun heute eine ganze Reihe von Hilfsmitteln und Instrumenten im Handel vor, mit denen wir sehr genau messen können. Da aber der Preis meist ein ziemlich hoher und damit ihre Verbreitung beschränkt ist, so wollen wir zuerst die Hilfsmittel besprechen, welche uns eine zwar ungenaue, aber doch für viele Zwecke genügende Ermittlung der Temperatur gestatten.

Wir haben bei der Besprechung der spezifischen Wärme die in einem heißen Körper, z. B. einem Kupferstück, bei

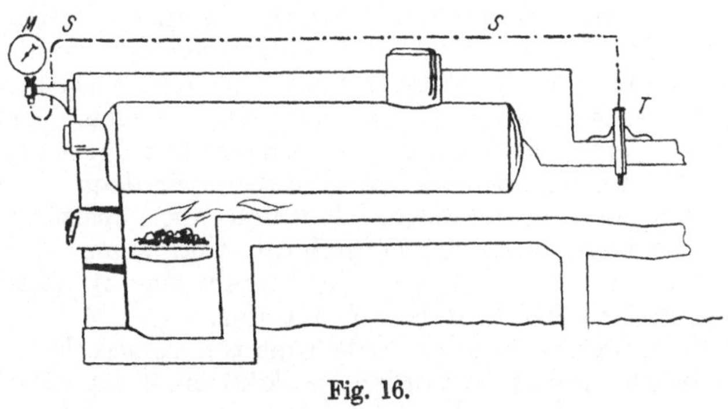

Fig. 16.

einer bestimmten Temperatur enthaltene Wärme berechnet. Wir können nun die Aufgabe des Beispiels 64 auch umkehren.

Beispiel:

73. Wir wollen uns über die Temperatur informieren, welche im Fuchs eines Flammofens herrscht. Wir bringen ein Stück massiven Kupfers im Gewicht von 2,45 kg an diese Stelle und warten einige Zeit, bis das Kupfer die Temperatur seiner nunmehrigen Umgebung angenommen hat. Alsdann fassen wir es und werfen es in ein Faß oder einen Holzbottich mit 25 l Wasser. Die Temperatur des Wassers sei 12° C. Wir rühren nun kräftig um und verfolgen am Thermometer das Steigen der Temperatur. Die Temperatur steige bis 16,5° C.

Um 25 l Wasser von 12° auf 16,5° zu erwärmen, brauchen wir $4{,}5 \times 25 = 113$ Kal. Diese wurden von dem Kupfer abgegeben, als es sich von seiner unbekannten Anfangstemperatur auf 16,5° abgekühlt hat. Nun ist die spezifische

Wärme des Kupfers 0,091 Kal. Es geben deshalb unsere 2,45 kg beim Abkühlen um 1° C 0,223 Kal. ab. Da aber unser Kupferstück 113 Kal. abgegeben hat, so muß es um 113 : 0,223 = 505° C wärmer gewesen sein, also 521° C gehabt haben.

Wir können eine solche Bestimmung in Ermangelung von Instrumenten zu unserer Orientierung heranziehen, dürfen ihr aber kein zu großes Gewicht beimessen. Wir haben deshalb auch darauf verzichtet, das Steigen der spezifischen Wärme mit der Temperatur in Rücksicht zu ziehen. Dadurch haben wir jedenfalls eine zu hohe Temperatur errechnet. Wir können aber andererseits Wärmeverluste nicht vermeiden, wenn wir das Kupferstück aus dem Ofen nehmen und insbesonders, wenn wir es ins Wasser werfen. Denn da entwickelt sich gewiß im ersten Augenblick Wasserdampf, der uns verlorengeht. Dadurch hätten wir dann die Temperatur zu niedrig gefunden. Endlich aber überzieht sich das Kupferstück mit einer Oxydhaut, und wenn wir es ins Wasser werfen, so haben wir nicht mehr das ursprüngliche Gewicht und nicht mehr lauter Kupfer.

Es sind eine Anzahl von Instrumenten vorgeschlagen und in den Handel gebracht worden, welche die Temperaturmessung nach dem hier erläuterten Prinzip ermöglichen. Das verbreitetste von diesen ist das Wasserpyrometer von Siemens. Wir besitzen aber heute andere und bessere Methoden der Temperaturmessung, so daß diese Instrumente wohl nicht näher beschrieben zu werden brauchen.

Für höhere Temperaturen kann die Glutfarbe zur Schätzung herangezogen werden.

Eben sichtbare Glut .	600°
Deutliche Kirschrotglut	800—900°
Orangegelbglühhitze . .	1100°
Weißglut	1300—1400°
Blendende Weißglut . .	über 1500°

Die im Handel vorkommenden Pyrometer, Meßinstrumente für höhere und hohe Temperaturen, beruhen auf den verschiedensten Prinzipien.

Zu den einfachsten und billigsten gehören die Segerkegel. Sie beruhen darauf, daß bestimmte Mischungen von Gläsern mit Ton oder solche von Ton mit anderen Körpern bei bestimmten Temperaturen erweichen. Bringt man also solche Mischungen in die Form eines spitzen Kegels, so kann man erwarten, daß bei einer gewissen Temperatur der Kegel weich wird und dann fällt. Diese Kegel werden für alle Temperaturen zwischen 600° und 2000° C sorgfältig hergestellt und können durch jede Handlung für chemische Gerätschaften oder direkt aus dem Tonindustrie-Laboratorium, Berlin bezogen werden. Für die Zwecke der Feuerungstechnik eignen sie sich aber nicht sonderlich. Es ist nämlich nicht einerlei, mit welcher Geschwindigkeit der Segerkegel erhitzt wird. Bei langsamem Erhitzen, wie es z. B. im Porzellanofen stattfindet, in den der Kegel von Anfang an mit eingesetzt wird, schmilzt er bei niedrigerer Temperatur, als wenn er plötzlich in irgendeinen heißen Raum hinein und dort sofort auf die hohe Temperatur gebracht wird. Überdies gestattet er nur die Messung zu dem Zeitpunkt, in dem er gerade fällt und ein Verfolgen der Änderungen in der Temperatur ist damit ausgeschlossen. Endlich aber braucht man gewöhnlich gerade die niedrigeren Temperaturen und nur in Ausnahmefällen die hohen, so daß der Segerkegel, so vorzüglich er sich auf seinem speziellen Anwendungsgebiet der Keramik bewährt, für uns wenig Bedeutung hat.

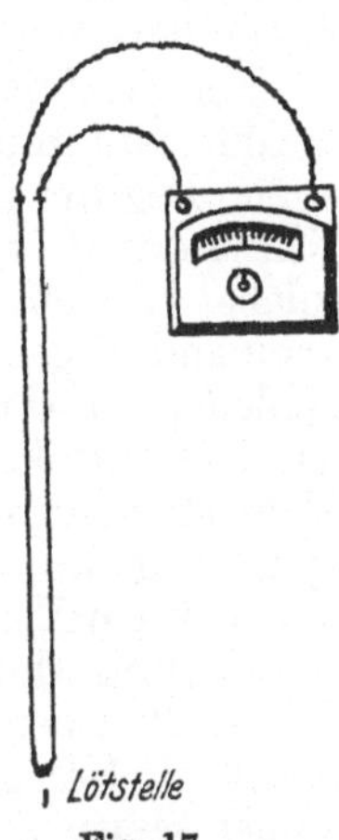

Fig. 17.

Ähnliches gilt von den Princepschen Legierungen, welche auch durch ihren Schmelzpunkt die Temperatur bestimmen.

Für uns kommen heute hauptsächlich die elektrischen und die Strahlungspyrometer in Betracht.

Die ersteren beruhen darauf, daß zwei Stäbe oder Drähte aus verschiedenen Metallen, wenn sie an einem Ende zusammengelötet oder verschmolzen sind, bei einer Differenz in der Temperatur der freien Enden einerseits und der verlöteten Enden andererseits zur Ausbildung einer sog. Spannung Anlaß geben, so daß durch einen Draht, der die beiden freien Enden verbindet, ein elektrischer, freilich sehr schwacher Strom fließt (Fig. 17).

Dieser Strom wird um so stärker, je größer die Temperaturdifferenz der Lötstelle gegenüber den freien Enden wird. Er wird um so schwächer, je mehr die Temperatur der freien Enden und die der Lötstelle sich einander nähern.

Von den bekannten Metallen und Legierungen sind nur sehr wenige für die Herstellung solcher Thermoelemente geeignet, wenn diese Elemente der Temperaturmessung dienen sollen. Es handelt sich einerseits darum, daß nicht aus allen Metallen sich Drähte von solcher Gleichmäßigkeit herstellen lassen, wie sie für diesen Zweck gebraucht werden. Aber auch darum, daß diese Drähte sich im Laufe der Zeit nicht wesentlich verändern dürfen.

Für niedrigere Temperaturen bis 500° C verwendet man Drähte aus Kupfer oder Silber einerseits und Konstantan — einer Legierung — andererseits. Es wird also z. B. ein Kupferdraht von 1 m Länge und 1 mm Dicke und ein ebensolcher Konstantandraht genommen, und die beiden werden aneinander gelötet mit Hartlot. Biegt man sie nun zu einer Schleife, so daß die Lötstelle das eine Ende bildet, so ist das Thermoelement fertig. Es gehört nun freilich noch ein Meßinstrument dazu, um die an den Enden herrschende Spannung zu bestimmen. Dieses, ein Galvanometer, muß sehr empfindlich sein und ist das teuerste am Apparat. Die Herstellung der Thermoelemente kann man selbst besorgen, nur muß man sie dann mit einem geeichten vergleichen, weil auch bei gleichem Draht und gleicher Behandlung doch immer kleine Differenzen vorkommen. Übrigens spielen bei unseren Untersuchungen Fehler von 10 und 20° C keine Rolle, so daß wir da nicht allzu ängstlich zu sein brauchen.

Für höhere Temperaturen muß man zu edleren Metallen greifen; bis 1200° C ist das von Le Chatelier angegebene Metallpaar verwendbar, dessen einer Draht aus reinem Platin, dessen anderer aus einer Legierung von 90% Platin mit 10% Rhodium besteht. Diese Elemente kommen fertig montiert in den Handel. Sie sind dann meist aus verhältnismäßig starken Drähten gefertigt und gut geschützt. Manchmal sind ihnen jedoch einfachere, die man sich wieder selbst anfertigt, vorzuziehen. Man erhält im Handel (W. C. Heraeus, Hanau) sowohl den reinen Platin, als auch den Platinrhodiumdraht, wobei die liefernde Firma auch die Temperaturskala (Spannung bei bestimmter Temperatur) mit angibt. Man kann dann ganz schwache Drähte, (0,3 mm,) wählen, und sich solche von gerade notwendiger Länge abschneiden. Zur Herstellung der Lötstelle genügt es schließlich, daß man die beiden Drähte an einem Ende zusammendreht. Man kann aber besser die Drähte in einer Sauerstoffstichflamme, wie sie bei der autogenen Schweißung verwendet wird, oder im Lichtbogen einer gewöhnlichen Bogenlampe verschmelzen. Solche Instrumente montiert man sich dann selbst, indem man den einen Draht durch ein Quarzrohr von 1 mm lichter Weite hindurchzieht oder Stücke eines solchen Rohres über den einen Draht wie Glasperlen auffädelt. Das Ganze steckt man nun mit der Lötstelle voran in ein Quarzglasrohr von 4 mm lichter Weite, das an einem Ende verschlossen ist, und das Instrument ist fertig. Es hat den Vorteil, daß es nicht dicker ist wie ein Bleistift, und daß man deshalb an manchen Stellen im Ofen Messungen machen kann, zu denen man mit den käuflichen montierten Elementen gar nicht dazu könnte. Außerdem kostet es nur etwa ein Viertel des fertig gekauften Instrumentes. Aber es darf nicht übersehen werden, daß es weit gebrechlicher ist wie dieses, und daß für höhere Ansprüche an die Genauigkeit der Spannungsabfall im Element mit in Rechnung gezogen werden muß, weil der Widerstand bei den dünnen Drähten bereits ein erheblicher ist. Wer also keine Übung in solchen Messungen hat, wird gut tun, sich nur der käuflichen Apparate zu bedienen. Die erzielbare Genauigkeit ist bei dieser Art von Pyrometern eine große. Die Elemente sind aber empfindlich gegen die Flammengase und dürfen deshalb nur geschützt verwendet werden. Auch besteht unter Umständen die Gefahr, daß sie durch Stichflammen überhitzt und dadurch beschädigt werden.

Von den Strahlungspyrometern sind in Europa hauptsächlich drei in Gebrauch: von Wanner, Féry und Holborn-Kurlbaum. Der Grundgedanke bei der Konstruktion dieser Instrumente ist derselbe wie bei der Temperaturbestimmung durch Schätzung der Glutfarbe. Während aber diese Methode nur auf Erfahrung beruht, sind die Strahlungspyrometer auf wissenschaftlicher Basis aufgebaut. Eine genaue Theorie dieser Apparate würde hier zu weit führen, desgleichen eine genaue Gebrauchsanweisung, die übrigens jedem Instrument beim Ankauf beigegeben wird.

Wie bekannt, besteht das von einem Körper ausgestrahlte Licht aus Licht von verschiedenen Arten, die wir Farben nennen. Eine Zerlegung des Lichtes, so daß die einzelnen Farben von uns beobachtet werden können, gelingt mittels verschiedener Instrumente, welche die einzelnen Bestandteile des Lichtes nebeneinander zeigen, das sog. Spektrum, das übrigens auch ohne besondere Apparate unter gewissen Umständen, z. B. beim Regenbogen, beobachtet werden kann. Wenn nun ein Körper von dunkler Rotglut an immer höher erhitzt wird, dann kommen zu den roten Strahlen nicht nur gelbe, grüne, blaue und schließlich violette hinzu, sondern auch die roten Strahlen werden immer kräftiger. Man kann also einen Zusammenhang finden zwischen der Intensität der roten Strahlung und der Temperatur. Schaut man z. B. den Körper durch eine rote Glasscheibe an, die also nur rotes Licht durchläßt, so wird er mit steigender Temperatur immer heller aussehen, wenngleich sich seine Farbe nicht ändern wird, weil wir ja immer durch dasselbe Glas schauen. Haben wir nun eine Einrichtung, um diese Helligkeit zu messen, so können wir daraus auf die Temperatur schließen. Die Einrichtung zum Vergleichen beim Pyrometer Wanner besteht in einer Glühlampe, die immer gleichviel Licht gibt, von welchem Licht wir aber verschieden viel durch Drehen an einer Scheibe, welche die Einteilung trägt, wahrnehmen können. Es ist nun die Einteilung so getroffen, daß, wenn wir in das Instrument hineinschauen, während wir es auf den heißen Körper gerichtet haben, dann das aus dem Ofen kommende Licht die linke Hälfte des Gesichtsfeldes erhellt, während die Glühlampe die rechte beleuchtet. Wir drehen dann solange, bis beide Hälften gleich erscheinen, lesen an der geteilten Scheibe ab und finden so die Temperatur des beobachteten Körpers.

Das Pyrometer von Holborn und Kurlbaum benutzt eine Glühlampe, die mitten im Gesichtsfeld des Instrumentes sichtbar ist. Solange der Körper noch ziemlich kalt ist, wird auf dem roten Gesichtsfeld der Faden der Lampe sich hell abheben; wird der Körper immer heißer, so wird der Faden immer undeutlicher sichtbar werden, schließlich ganz verschwinden und endlich dunkel auf hellem Grund erscheinen. Es ist nun bei diesem Instrument möglich, die Glühlampe bald heller, bald dunkler brennen zu lassen, so daß man es bei jeder Temperatur des leuchtenden Körpers dahin bringen kann, daß der Faden gerade nicht sichtbar ist. Man mißt dann den Strom, welchen die Lampe braucht, mit Instrumenten, welche dem Apparat schon so eingefügt sind, daß man sich nicht irren kann, und schließt daraus mit einer Tabelle auf die Temperatur.

Von diesen Pyrometern recht verschieden ist das von Féry. Bei ihm werden alle von dem heißen Körper kommenden Strahlen mittels eines vergoldeten Hohlspiegels auf eine geschwärzte Fläche geworfen, welche zugleich die Lötstelle eines Thermoelementes ist. Da nun mit steigender Temperatur diese Strahlung immer stärker wird, so wird auch die Erwärmung der Lötstelle stärker und der Strom, den das Element liefert, nimmt zu. Wenn man also das Instrument gegen den heißen Körper richtet, so zeigt ein an das Thermoelement angeschlossenes Galvanometer die richtige Temperatur an.

Alle diese Instrumente zeigen ziemlich richtig, wenn man mit ihnen in einen heißen Hohlraum hineinsieht, z. B. in einen Ofen. Ihre Angaben werden aber erheblich zu niedrig, wenn man einen frei daliegenden Körper anvisiert, welcher Fall allerdings nicht häufig vorkommt. In seiner Handhabung ist wohl das Férysche das einfachste, so daß es dort, wo auch Meister usw. damit arbeiten sollen, wohl das empfehlenswerteste sein dürfte. Es hat den Nachteil, daß es ziemlich große Schaulöcher braucht. Auch ist der Metallspiegel naturgemäß im praktischen Betrieb wegen Staub und Verkratzung etwas empfindlich. Es ist auch das billigste Instrument.

Auch das Holborn-Kurlbaumsche Instrument kann von minder geschulten Leuten leicht gehandhabt werden. Es braucht keine so großen Schaulöcher, ist aber das teuerste von den drei Pyrometern. Das Wannersche endlich braucht eine in physikalischen Arbeiten geschulte Kraft, damit es immer richtig arbeitet. Es steht im Preis nahe dem Féryschen und ist bei kleinen und großen Versuchen gleich gut zu verwenden.

Zusammenfassung und Rückblick.

Wir haben bisher viel gerechnet, haben uns bemüht alles Meßbare richtig zu erfassen und die einzelnen Zahlen untereinander so zu verknüpfen, daß wir ein einleuchtendes Resultat aus ihnen ableiten können. Das ist sehr wichtig. Denn in der Übersicht über alle vorliegenden Umstände und deren Wirkungen wurzelt die Fähigkeit zweckmäßige Änderungen zu beschließen.

Das schließlich ausgearbeitete vollständige Schaubild bietet uns einen solchen Überblick und es ist deshalb wohl angebracht, darüber noch ein Wort zu verlieren.

Wer da selbst die Gasanalysen und Temperaturmessungen an Öfen gemacht hat, der kennt das bange Gefühl, das die unterdrückte Frage hervorruft: Wenn aber nun eine der Messungen ungenau ist? Man vermeint leicht, ein kleiner Fehler in den Beobachtungen könne das ganze Resultat in Frage stellen. Hier liegt ein Vorteil unserer Darstellung. Es kann ja ohne weiteres der Tafel entnommen werden, wie sich das Ergebnis ändern werde, wenn etwa 400° C statt 420° C gemessen, oder 9,5 statt 9,8% Kohlensäure gefunden worden wären. Solche Einsicht schützt gleichermaßen vor Tüfteln wie vor Schleudern und ist deshalb sehr wertvoll.

Es wird nun aber mancher Leser denken: Was nützt mir der genaueste Einblick in das Verhältnis der Ausgangs- und Endzahlen, wenn ich weder die Hilfsmittel noch die Fertigkeit habe, mir die Temperaturen und Analysen zu verschaffen? Da zeigt nun das Schaubild ein neues Gesicht. Es gestattet ja nicht nur aus den eben angeführten Zahlen das Resultat abzuleiten, sondern auch aus den Resultaten auf die Verhältnisse rückzuschließen. Kann z. B. in einem Ofen eine gewünschte Temperatur nicht erzielt werden, so weist uns das Diagramm darauf hin, daß vermutlich der Luftüberschuß zu groß ist. Der Weg von diesem Gedanken bis zu den Versuchen, es mit einer Drosselung des Zuges oder mit einer verkleinerten Rostfläche zu probieren, ist ein so natürlicher für jeden, der einen Ofen bedient, daß es dazu beinahe keiner Anleitung bedarf. So wirkt das Bild auch ohne genaue Versuchsdaten im Beschauer und vertieft in der mühelosesten Art sein Verständnis.

Wo wie im Lehrbuch oder in der Schule alle Möglichkeiten offen stehen, eine jede Kohle gleich interessant und doch ebenso gleichgültig ist, da erscheint die Anfertigung einer solchen Zeichnung als Spielerei und Zeitvergeudung. Wer aber im Betrieb steht und mit dem Ofen verwachsen ist, der wird sich die Mühe nicht verdrießen lassen, um so mehr als ja für ihn meist nur eine Kohle existiert, die, mit der er arbeitet.

Von besonderem Wert wird diese Art der Darstellung bei Öfen, die niemals in einen stationären Zustand kommen. Es sind das die Stubenöfen, die Brennöfen der keramischen Industrie. Während beim Dampfkessel das Anheizen gegenüber dem Betrieb von nur untergeordneter Andeutung ist, wird bei diesen Öfen nur angeheizt. Denn wenn einmal der gewünschte Temperaturgrad erreicht ist, dann hört man mit dem Feuern auf.

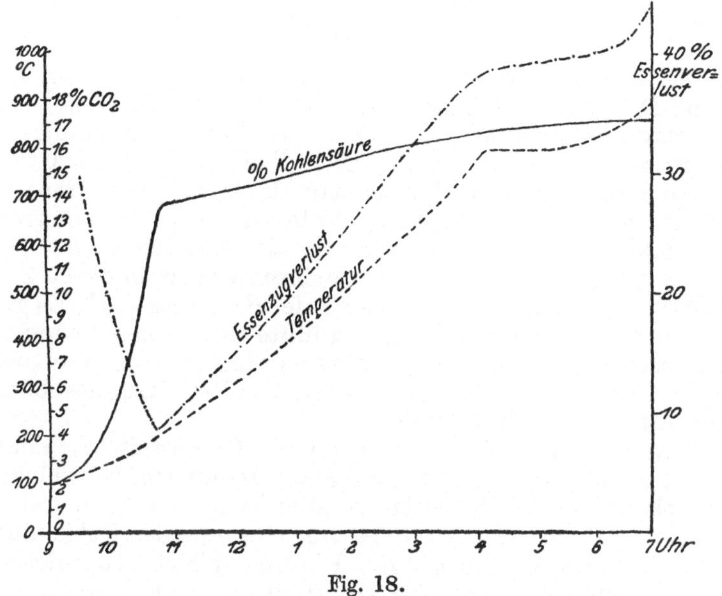

Fig. 18.

In diesem Fall ändert sich die Gaszusammensetzung und die Temperatur von einem Zeitpunkt zum anderen und die langwierigen Rechnungen aus den Versuchsdaten bis zum Resultat müßten immer wieder durchgeführt werden. Fig. 18 zeigt die Ergebnisse eines Versuches an einem Töpferofen, bei welchem durch 12 Stunden alle 30 Minuten die Analysen und Temperaturmessungen vorgenommen wurden. Es wären sonach 24 solcher vollständiger Durchrechnungen notwendig geworden. Durch die Konstruktion des Schaubildes konnten alle 24 Endziffern aus den Versuchsdaten ohne Rechnung abgeleitet und so eine Übersicht über den Ofenbetrieb gewonnen werden.

Das Schaubild hat allerdings einen Nachteil. Es gilt nur für die eine bestimmte Kohle. Schon die Schwankungen im Feuchtigkeitsgehalt ändern den Verlauf der Linien. Wenn man aber auch da ein Auge zudrückt und eben immer mit einem mittleren Wassergehalt rechnet, so darf man doch nicht unter allen Umständen, gestützt auf Kohlensäuregehalt und Temperatur allein, weitere Schlüsse ziehen.

Beispiel:

74. Betrachten wir eine Planrostfeuerung in vollem Betrieb. Der Rost ist bedeckt mit Brennstoff, die Wände des Feuerraumes sind heiß. Das Feuer ist heruntergebrannt. Es verbrennt also nur der verbliebene Koks, reiner Kohlenstoff.

Wir bestimmen die Temperatur der abziehenden Gase zu 400° C und den Kohlensäuregehalt zu 10%. Aus unserem Schaubild Fig. 15 ergibt sich dann: Luftüberschuß 0,85, Essenzugverlust 25,5%. Nun verbrennt aber in dieser Zeit nicht eigentlich die Kohle, sondern der Koksrückstand. Es gilt somit unser Diagramm nicht, es müßte durch eines für reinen Kohlenstoff ($m = 0$, $a = 1$) ersetzt werden. Aus einem solchen ergäbe sich für die gleichen Versuchsdaten: Luftüberschuß 1,09, Essenzugverlust 29,3%.

Wird nun der Rost mit frischem Brennstoff beschickt, so tritt zunächst eine Zersetzung der Kohle ein, bei welcher der Koks zurückbleibt, während aller Wasserstoff, Sauerstoff und ein Teil des Kohlenstoffes als Gas aus der Kohle austritt und beim Verbrennen die Flamme bildet. Von diesem Anteil können wir uns eine Darstellung machen, wenn wir annehmen, daß die Kohle 64% Koksrückstand (darin alle Asche) ergeben würde. Die Gase würden dann einen Brennstoff vorstellen mit 15,61 g Kohlenstoff neben 3,54 g disponiblem Wasserstoff, für den also $m = 0{,}228$. Wir finden daraus $CO_{2\,Max} = 13{,}58\%$ und $a = 0{,}919$. Verwenden wir nun dieselben Angaben über Temperatur und Kohlensäuregehalt, so ergibt sich: Luftüberschuß 0,33.

Die 64 g Koks bestehen aus 56,60 g Kohlenstoff und 7,40 g Asche, besitzen somit eine Verbrennungswärme von 458,5 Kal. Es ist also der Heizwert der flüchtigen Bestandteile 684,3 — 458,5 = 225,8 Kal.

Diese flüchtigen Bestandteile bestehen aus:

Kohlenstoff	15,61 g
Wasserstoff	4,83 g
Sauerstoff	10,29 g
Feuchtigkeit	5,27 g

und ergeben bei der Verbrennung

Kohlensäure	1,30 Mole
Wasser	2,71 „
Stickstoff	8,18 „
0,33facher Luftüberschuß	3,43 „

Darin sind bei 400° C enthalten:

In	1,30	Molen	Kohlensäure . . .	5,21 Kal.
„	2,71	„	Wasserdampf . .	9,09 „
„	11,61	„	perm. Gase . . .	31,57 „
				45,87 Kal.

d. i. 20,3% der Verbrennungswärme von 225,8 Kal.

Wir ersehen aus dieser Betrachtung, daß eine und dieselbe Gasanalyse bezogen auf verschiedene Zustände der Feuerung zu verschiedenen Resultaten führt. Die Annahmen, die wir gemacht haben, waren übertrieben. Es wird kaum vorkommen, daß man das Feuer so völlig herunterbrennen läßt, ebensowenig, daß die flüchtigen Bestandteile der Kohle allein verbrennen.

Es ist aber wichtig, daß man sich darüber klar wird, wieweit der jeweilige Zustand der Feuerung die Resultate beeinflußt und wieweit die Schlüsse, die wir aus dem Diagramm ziehen, richtig sind. Wir werden dabei zu bedenken haben, daß überall dort, wo größere Ofenräume in Frage kommen, z. B. bei Porzellanöfen, wir gar nicht genau wissen, welcher Heizperiode die Gaszusammensetzung entspricht, weil ja der Ofenraum ein Gasreservoir vorstellt, das eine ausgleichende Wirkung auf die Zusammensetzung übt. Diese Unsicherheit wird noch größer, wenn mehrere Feuerstellen für einen Ofenraum vorhanden sind, die nacheinander mit Brennstoff beschickt werden. Wir können allerdings aus der Gasanalyse selbst auf diese Verhältnisse schließen, wenn wir außer der Bestimmung der Kohlensäure noch die des Sauerstoffes durchführen. Denn aus der Konstruktion Fig. 12 erkennen wir, daß die Sauerstoffkurve auch bei wechselndem m ziemlich gleich bleibt. Wir können somit den Luftüberschuß unter solchen Verhältnissen aus dem Sauerstoffgehalt der Gase sicherer entnehmen wie aus dem Kohlensäuregehalt.

Wir wissen nun, daß es Fälle gibt, in denen eine vollkommene Lösung unserer Aufgabe nicht möglich ist. Aber wir dürfen da nicht überängstlich sein. Wenn nur der ganze Zusammenhang klar erfaßt ist, dann werden wir auch mit den unvollkommenen Mitteln das Richtige erkennen.

Einteilung und Beschreibung der Brennstoffe.

Die technisch wichtigen Brennstoffe sind teils Körper, die uns die Natur unmittelbar bietet, teils solche, die wir mittels technischer Prozesse gewinnen. Jede der beiden Gruppen läßt eine Unterteilung nach den Aggregatzuständen zu, in welchem sich die Brennstoffe unter normalen Bedingungen befinden. Wir erhalten dadurch folgende Einteilung:

Natürliche Brennstoffe.

- Feste natürliche Brennstoffe: Holz, Torf, Lignit, Braunkohle, Steinkohle, Anthrazit.
- Flüssige natürliche Brennstoffe: Erdöl, Naphtha (Petroleum).
- Gasförmige natürliche Brennstoffe: Erdgas.

Künstliche Brennstoffe.

- Feste künstliche Brennstoffe: Holzkohle, Koks.
- Flüssige künstliche Brennstoffe: Teer, Spiritus, Benzin, Ligroin.
- Gasförmige künstliche Brennstoffe: Leuchtgas, Generatorgas, Wassergas, Ölgas, Azetylen usw.

Unter allen diesen Stoffen sind nur wenige von allgemeinem feuerungstechnischem Interesse. Die Holzfeuerungen gehören heute schon der Vergangenheit an; sie sind selbst dort, wo die örtlichen Verhältnisse oder die besonderen technischen Vorteile ihre Erhaltung begünstigen, in steter Abnahme begriffen. Ähnlich steht es mit der Verwendung der

Holzkohle. Der Torf hat als solcher für industrielle Feuerungen wenig Bedeutung. Die Verwertung von Erdöl und Naphtha ist in stetigem Steigen begriffen, so daß diese Stoffe auch über die unmittelbare Nähe der Orte hinaus, wo sie vorkommen, eine Bedeutung gewinnen. Dagegen hat das Erdgas nur mit lokaler Verwendung zu rechnen. Die Stoffe Alkohol, Benzin, Ligroin, Leuchtgas, Ölgas, Azetylen sind unter die allgemein technisch verwerteten Brennstoffe überhaupt nicht zu zählen. Es verbleiben sonach nur die Kohlen, der Koks, das Generator- und Wassergas mit ihren verschiedenen Abarten als hauptsächlichste Heizmaterialien. Wir legen deshalb diese Stoffe allein unseren Betrachtungen zugrunde, um so mehr, als die dabei gewonnenen Resultate ohne besondere Schwierigkeiten auf die weniger verbreiteten Brennstoffe übertragen werden können.

Alle Brennstoffe enthalten neben der eigentlichen brennbaren Substanz gewisse Mengen Wasser und Asche. Wir haben deren Bestimmung bereits besprochen und werden hier nur einzelne charakteristische Zahlen anführen. Von besonderer Bedeutung ist die Flammbarkeit. Wir verstehen darunter die Fähigkeit eines Brennstoffes, sich leicht zu entzünden. Eine weitere wichtige Erscheinung ist die Länge der Flamme, welche der Brennstoff zu entwickeln vermag. Sie ist bei gasförmigen und flüssigen Brennstoffen ziemlich in unserer Wahl gelegen, d. h. wir können sie durch die Konstruktion der Feuerungsanlage weitgehend beeinflussen. Bei den festen gelingt das nicht so leicht, und es wird deshalb die Lang- oder Kurzflammigkeit des Brennstoffes hier immer charakteristisch bleiben. Bei ihnen spielt übrigens auch das Backvermögen eine große Rolle. Es zeigt sich nämlich, daß manche Kohlen, wenn sie ins Feuer geworfen werden, alsbald zu einer sandigen Masse zerfallen, welche naturgemäß leicht Anlaß zu einem hohen Kohlenstoffgehalt des Rostdurchfalles gibt. Andere wieder schmelzen dabei und bilden infolgedessen große zusammenhängende Klumpen, zu denen die Luft nur schwer Zutritt hat. Dem Aschengehalt der Brennstoffe kommt insofern Bedeutung zu, als die Aschenmengen sich auf den Rosten ansammeln und dadurch im Lauf der Zeit den Betrieb stören. Es ist übrigens auch die Beschaffenheit der Asche durchaus nicht gleichgültig. Manche Kohlen neigen dazu, geschmolzene Aschenklumpen, die

Schlacke, zu bilden. Hierdurch wird nicht nur der Betrieb der Feuerung erschwert, sondern die Schlacke schließt auch meist viel unverbrannten Brennstoff ein und entzieht ihn so der Ausnutzung.

Das Holz. Das Holz ist ein Brennstoff, der seiner besonderen Eigenschaften wegen in bestimmten Fällen sehr hoch zu bewerten ist. Es zeichnet sich durch eine sehr niedrige Entzündungstemperatur aus, d. h. es ist sehr leicht in Brand zu stecken und brennt leicht fort. Überdies gibt es eine lange Flamme und kann auch mit geringem Luftüberschuß verbrannt werden. Holzfeuerungen bedürfen keiner Roste, weil der Brennstoff selbst infolge seiner sparrigen Form so viele und große Zwischenräume entstehen läßt, daß die Luft auch von der Seite her genügenden Zutritt hat. Die leichte Entzündbarkeit, die lange rußfreie Flamme, machen das Holz besonders geeignet für alle Fälle, in denen ein langsames Anwärmen einer bestehenden Feuerungsanlage erwünscht ist. So spielt es beim erstmaligen Anwärmen einer neuerbauten Feuerung immer eine Rolle.

Seine Fähigkeit, auch mit geringem Luftüberschuß vollständig und rauchfrei zu verbrennen, hat es mit sich gebracht, daß auch jene Industrien, welche eine hohe Temperatur für ihre Zwecke benötigten, in früherer Zeit mit diesem Brennstoff ausgekommen sind. So die Glasindustrie und die keramischen Industrien. Für diese war der Übergang zur Kohlenfeuerung nur eine ökonomische Frage, die sogar allerhand technische Nachteile mit sich brachte. Denn wir haben im Holz den einzigen zuverlässig schwefelfreien Brennstoff, und dort, wo dieses Element erheblichen Schaden anrichten kann, wie etwa in einzelnen Prozessen der Feinkeramik, wird auch heute noch die Holzfeuerung verwendet, und dort wird sie wohl noch lange ihren Platz behaupten.

Nachdem das Holz von verschiedenen Bäumen stammen kann, so läßt sich ein allgemeines Urteil über seinen feuerungstechnischen Wert nicht fällen. Dort, wo höhere Temperaturen damit erzielt werden sollen, wird man auf den Wassergehalt achten müssen, der unter Umständen sehr hoch sein kann. Der Aschengehalt ist stets gering, die Asche besteht hauptsächlich aus den Karbonaten des Kaliums und des Natriums und ist immer eisenfrei, so daß sie auch als Flugasche keinen Schaden anrichten kann.

Die mittlere Zusammensetzung des Holzes kann angegeben werden wie folgt:

Wasser 20,0%
Kohlenstoff 40,6%
Wasserstoff 4,8%
Sauerstoff . . . . 34,4%.

Diese Analyse gilt für lufttrockenes Holz, also solches, welches schon lange Zeit, etwa 2 Jahre, lagert. Frischgefälltes Holz kann 40—50% Wasser enthalten.

Über die Verschiedenheit der Zusammensetzung der einzelnen Holzarten gibt die nachstehende Tabelle Aufschluß.

Holzart	Zusammensetzung des wasserfreien Holzes					Oberer Heizwert
	% C	% H	% O	% N	% Asche	Cal.
Eiche	50,16	6,02	43,45		0,37	4620
Buche	49,06	6,11	44,17	0,09	0,57	4780
Hagebuche . . .	48,99	6,20	44,31		0,50	4728
Esche	49,18	6,27	43,98		0,57	4711
Birke	48,88	6,06	44,67	0,10	0,29	4771
Tanne	50,36	5,92	43,39	0,05	0,28	5035
Fichte	50,31	6,20	43,08	0,04	0,37	5085

Hieraus ergibt sich, daß der obere Heizwert des lufttrockenen Holzes mit etwa 4000 Kal., der untere mit 3600 Kal. einzuschätzen ist.

Der Torf. Der Torf ist ein Brennstoff, der sich vor unseren Augen bildet, aber doch zu den fossilen zu zählen ist, weil er nicht aus lebenden, sondern bereits in Vermoderung befindlichen Pflanzen gebildet wird. Je nachdem er sich über oder unter dem Wasserspiegel bildet, besteht er der Hauptsache nach aus den Resten von Moosen und Heidekraut oder aus den Resten von Sumpfpflanzen. Er ist aber außerdem sehr verschieden, je nach dem Alter und anderen örtlichen Verhältnissen, so daß eine allgemeine Beschreibung kaum zu geben ist. Nach seiner äußeren Erscheinung kann er eingeteilt werden in:

Rasentorf, mit heller Farbe;

junger brauner oder schwarzer Torf mit den Unterarten Fasertorf, Wurzeltorf, Blättertorf, Holztorf;

alter Torf, je nach dem Aussehen Erdtorf oder Pechtorf.

Der Verschiedenheit der Entstehung und des Alters entspricht eine weitgehende Verschiedenheit in der Zusammensetzung. So kann der Wassergehalt zwischen 50 und 10% schwanken, wird jedoch im lufttrockenen Torf im Mittel mit 20% anzunehmen sein. Auch der Aschengehalt bewegt sich in sehr weiten Grenzen, liegt meist unter 10%, kann jedoch auf 50% ansteigen und anderseits bis zu 1% sinken. Als mittlere Analyse der wasser- und aschenfreien Substanz kann angenommen werden:

Kohlenstoff	59%
Wasserstoff	6%
Sauerstoff	33%
Stickstoff	2%
Oberer Heizwert	6000 Kal.

Infolge seines hohen Wassergehaltes, seiner Zerreiblichkeit und seines großen Volumens eignet sich der Torf nicht für große Transporte. Seine Verwendung beschränkt sich deshalb auf die unmittelbare Umgebung des Vorkommens. Für sie ist jedoch der Torf oft von hervorragender Bedeutung. Die Verfeuerung ist mit erheblichen Schwierigkeiten verknüpft.

Die Braunkohle. Die Braunkohle bildet in manchen Vorkommen Ablagerungen von bedeutender Mächtigkeit. Ihre besseren Sorten sind ein sehr geschätzter und auch auf große Distanzen vom Vorkommen gebrauchter Brennstoff.

Die jüngsten hierher gehörigen Arten bildet der Lignit. Er ist eine oft hell gefärbte, stets sehr wasserreiche Kohle von deutlicher Holzstruktur. Sein Wassergehalt ist im frischen Zustand oft größer wie 50%. Beim Lagern geht zwar viel von diesem Wasser weg, doch zerfällt die Kohle alsdann und läßt sich schwer verheizen. Der Aschengehalt der trokkenen Kohle ist stets höher als der des Holzes, im Mittel 5%. Als oberer Heizwert der wasser- und aschenfreien Substanz kann 5500 Kal. gelten. Ihre mittlere Analyse ist:

Kohlenstoff	61,5%
Wasserstoff	5,5%
Sauerstoff	32 %
Stickstoff	1 %

Die erdige Braunkohle ist älter wie der Lignit. Sie ist leicht zerreiblich und deshalb als Brennstoff wenig geschätzt.

Die ältere Braunkohle ist ein hochwertiges Brennmaterial. Sie enthält zwar immer noch sehr große Mengen Wasser, die ihren Brennwert beeinträchtigen, spielt aber doch eine wichtige Rolle. Der Wassergehalt kann bis zu 35% steigen, ist aber in der Regel nur 15 bis 30%. Der Aschengehalt mancher Braunkohlen ist sehr hoch. Er steigt bis 20% und darüber. Manche Braunkohlen enthalten auch erhebliche Mengen Schwefelkies, so daß in den Feuergasen dann größere Mengen schwefeliger Säure auftreten können, die unter Umständen zu sehr unangenehmen Erscheinungen Anlaß geben.

Die mittlere Analyse der wasser- und aschenfreien Kohle ist:

Kohlenstoff	69%
Wasserstoff	5,5%
Sauerstoff	25 %
Stickstoff	1 %
Oberer Heizwert	7000 Kal.

Die Braunkohlen stellen stets langflammige Brennstoffe vor. Bei der Lagerung erleiden sie nicht nur einen Gewichtsverlust infolge des entweichenden Wassers, sondern treten auch bei gewöhnlicher Temperatur bereits mit dem Sauerstoff der Luft in Reaktion. Der Erfolg ist eine Oxydation der Kohle, die zu einem Verlust an Brennwert führt und durch die damit verbundene Erwärmung der Kohlenmasse auch Anlaß zur Selbstentzündung der Kohle werden kann.

Die Steinkohle. Die Steinkohlen, wegen ihrer schwarzen Farbe auch Schwarzkohlen genannt, sind der wichtigste technische Brennstoff. Ihr Wassergehalt ist in der Regel gering und überschreitet gewöhnlich 5% nicht. Doch kommen auch Kohlen vor mit über 20% Wasser. Der Aschengehalt ist bei guten Sorten unter 5% anzunehmen, ja er liegt bisweilen zwischen 1 und 2%. Doch kommen auch da große Schwankungen vor, und Aschengehalte von 10 bis 15% sind keine allzu große Seltenheit. Es gibt sogar Fälle, in denen die Kohlensubstanz gegenüber der mineralischen zurücktritt.

Die Analyse der wasser- und aschenfreien Kohle ist im Mittel:

Kohlenstoff	82 %
Wasserstoff	5 %
Sauerstoff	13 %
Stickstoff	0,8%
Oberer Heizwert	7900 Kal.

Doch schwankt die Zusammensetzung innerhalb weiter Grenzen, so daß z. B. für Kohlenstoff alle Zahlen zwischen 75 bis 90% auftreten können.

Von besonderer Wichtigkeit ist das Verhalten der Kohlen beim plötzlichen Erhitzen. Um darüber ein Urteil zu gewinnen, führt man die sogenannte Verkokungsprobe durch. Man wägt zu diesem Zweck in einem Platintiegel 2 bis 3 g der gepulverten Kohle ab, bedeckt den Tiegel mit einem Deckel und erhitzt ihn mit voller Flamme. Es entweichen dabei aus der Kohle brennbare Gase, die sich entzünden und eine rußende Flamme entwickeln. Man wartet, bis diese Flamme erloschen ist, zieht dann den Brenner weg, läßt den Tiegel erkalten und wägt. Der Rückstand wird als Koksausbeute bezeichnet und in Prozenten von der eingewogenen Kohlenmenge angegeben. Sowohl die Menge dieses Rückstandes als auch seine Beschaffenheit sind für die einzelnen Kohlengattungen kennzeichnend. Sandkohlen geben einen pulverigen Koksrückstand, Sinterkohlen einen zusammenhängenden, aber nicht aufgeblähten Kuchen. Backkohlen einen geschmolzenen, an einzelnen Stellen aufgetriebenen Kuchen, der einer Kartoffel nicht unähnlich ist. Zwischen diesen Arten sind alle Übergänge möglich, so daß oft von gesinterter Sandkohle und backender Sinterkohle gesprochen wird. Man spricht von Kohlen mit großem Backvermögen auch als fetten Kohlen, von solchen mit geringem, also Sand- und Sinterkohlen, als mageren Kohlen. Ein weiteres wichtiges Unterscheidungsmerkmal bildet die Länge der von den Kohlen erzeugten Flamme. Danach werden die Kohlen unterschieden in kurzflammige und langflammige. Die Flammenlänge steht im Zusammenhang mit der Menge der Gase, welche die Kohle beim Erhitzen abgibt. Eine höhere Koksausbeute wird somit auf eine geringere Flammenlänge schließen lassen, wenn sie nicht nur durch einen höheren Aschengehalt bedingt ist.

Peters hat eine diese Verhältnisse berücksichtigende Einteilung der Kohlen gegeben.

	Langflammige Kohlen			Kurzflammige Kohlen		
	magere Flammkohle	sinternde Flammkohle	backende Flammkohle	Fettkohle	Eßkohle	Anthrazitkohle
	Mittlere Zusammensetzung der wasser- und aschefreien Kohle.					
C . .	80,88	83,36	84,79	89,02	90,75	91,91
H . .	5,25	5,39	5,16	5,07	4,54	4,04
O+N	13,87	11,25	10,05	5,91	4,71	4,05
	Durchschnittliche Koksausbeute:					
	65%	65%	75%	80%	85%	90%
	Durchschnittlicher oberer Heizwert.					
	6700	6900	7000	7400	7500	7600

Künstliche Brennstoffe. Die Darstellung aller künstlichen Brennstoffe erfolgt durch den Verkokungsprozeß, auch trockene Destillation genannt. Er besteht darin, daß der natürliche Brennstoff, Holz, Kohle, erhitzt wird, ohne daß der Luft bzw. dem Sauerstoff derselben Zutritt zum Brennmaterial gewährt wird. Das kann auf verschiedene Weise bewirkt werden. Entweder setzt man das zu verkokende Material heißen Feuergasen aus, die keinen Sauerstoff mehr enthalten, oder aber man erhitzt es in Gefäßen, Muffeln oder Retorten, die insofern geschlossen sind, daß die Luft keinen Zutritt hat, aber ein Entweichen der entströmenden Gase und Dämpfe statt haben kann.

Wir haben schon bei der Bestimmung der Feuchtigkeit eines Brennstoffes gesehen, daß durch das Erhitzen das Wasser verjagt werden kann. Wir werden deshalb auch bei der Verkokung das Auftreten von Wasser erwarten. Aber es bildet sich bei diesem Prozeß auch Wasser aus dem Wasserstoff und dem Sauerstoff, der eigentlichen brennbaren Substanz, so daß eine völlige Zersetzung eintritt. Es verbleibt im Rückstand nur die Asche und der größere Teil des Kohlenstoffes, während fast aller Sauerstoff und Wasserstoff in die flüchtigen Produkte geht. Wir wissen nun, daß außer der Feuchtigkeit und dem errechneten sogenannten chemisch gebundenen Wasser noch disponibler Wasserstoff in der Brennstoffanalyse auftritt und werden erwarten, daß auch dieser in die flüchtigen Produkte übergeht. Er tritt nun freilich nicht ganz als solcher in diesen auf, sondern zum Teil in Form von Substanzen, die Wasserstoff und Kohlenstoff, und von anderen, die außer Wasserstoff und Kohlenstoff noch Sauerstoff enthalten. Die Zahl der in den flüchtigen Produkten der Verkokung auftretenden Stoffe ist eine sehr große, wenn wir uns auf den Standpunkt des wissenschaftlichen Chemikers stellen. Für die Feuerungskunde können wir freilich eine wesentlich einfachere Übersicht wählen.

Wir teilen zunächst alle dabei vorkommenden Körper ein nach dem Aggregatzustand, in dem sie sich bei gewöhnlicher Temperatur befinden, d. h. wir unterscheiden sie nach ihrem Verhalten bei gewöhnlicher Temperatur. Da finden wir: Gase und Flüssigkeiten. Diese scheiden sich in einen wässerigen und einen dickflüssigen Anteil, das sogenannte Gaswasser und den Teer.

Von den Gasen ist der größte Teil brennbar, so daß das Gemisch aller entstehenden Gase leicht entzündet werden kann. Es brennt dann mit leuchtender, bisweilen sogar rußender Flamme. Nachdem wir im Ruß den Kohlenstoff wieder erkennen, erfahren wir so, daß die Gase Kohlenstoff enthalten. Außerdem können wir aus solchen Flammen leicht Wasser abscheiden, so daß wir auch den Wasserstoff wieder darin finden. Genauere Untersuchungen zeigen uns, daß in den Gasen Kohlensäure und Wasserstoff enthalten ist. Außerdem finden sich aber noch Gase, die Kohlenstoff und Wasserstoff gleichzeitig enthalten und ihrer chemischen Natur nach dem Petroleum nahestehen. Das wichtigste unter diesen Gasen ist das Methan. Es hat die Formel CH_4. Wir leiten daraus ab, daß 22,4 l davon 12 + 4 g = 16 g wiegen. Dieses Gas ist brennbar und liefert dabei Kohlensäure und Wasser. Seine Flamme leuchtet nur schwach. In manchen Fällen bildet sich bei der Verkokung auch ein anderes Gas in merklicher Menge. Es führt den Namen Äthylen und hat die Formel C_2H_4. Für sich allein brennt es leicht mit rußender Flamme.

Das Gaswasser ist ebensowenig ein einheitlicher Körper, wie es die gasförmigen Produkte der trockenen Destillation sind. Es enthält eine ganze Anzahl von Stoffen gelöst, so insbesonders Essigsäure, wenn wir Holz destillieren, und

Ammoniak, den wirksamen Stoff des Salmiakgeistes, wenn wir Kohle verkoken.

Der Teer endlich ist ein kompliziertes Gemisch von Stoffen, denen als gemeinsame Eigenschaft ein hoher Siedepunkt zukommt. Sie spielen in der Feuerungstechnik insofern eine wichtige Rolle, als sie sich zwar leicht zu einem Nebel verdichten lassen, welcher aber dann sehr schwer niederzuschlagen ist. Außerdem sind diese Stoffe nicht gar leicht verbrennlich, sie erfordern eine ziemlich hohe Temperatur, damit sie mit dem Sauerstoff zu Kohlensäure verbrennen, und geben, wenn diese nicht vorhanden ist, bloß Ruß.

Wir wollen im folgenden die hauptsächlichsten Verkokungsprodukte besprechen, d. s. die Holzkohle, der Koks. Aber auch aus Torf und anderen Produkten lassen sich solche Verkokungsprodukte herstellen, welche freilich bis heute nur untergeordnete Bedeutung haben.

Die Holzkohle wurde früher ausschließlich in Meilern dargestellt. Weil aber bei diesem Verfahren nicht nur ein Teil der Kohle bzw. des Holzes für die Wärmeerzeugung im Meiler verbraucht wurde, sondern auch die gasförmigen und flüssigen Produkte ganz oder zum größten Teil verloren gingen, so hat mit der Preissteigerung des Holzes und der Holzkohle einerseits, mit der Möglichkeit die Nebenprodukte zu verwerten anderseits die Meilerverkohlung immer mehr abgenommen und wird wohl über kurz oder lang ganz verschwinden. Die moderne Holzverkohlungsindustrie erhitzt das Holz in geschlossenen Retorten, aus welchen die Gase und Dämpfe abziehen können. Sie gewinnt dadurch neben Holzkohle, die in der Retorte verbleibt, Methylalkohol, Essigsäure und den Holzteer. Die Holzkohle ist schwarz, porös, zeigt deutlich die Holzstruktur. Sie nimmt aus der Luft begierig Wasserdampf auf, so daß sie neben der Asche stets etwas Wasser enthält. Ihr Anwendungsgebiet ist heute infolge des hohen Preises ein recht beschränktes, so daß sie für die praktische Feuerungstechnik nicht in Betracht kommt. Infolge ihrer Porösität ist sie verhältnismäßig leicht entzündlich. Wird sie keinen starken Luftströmungen ausgesetzt, so geht die Verbrennung langsam vor sich, die Temperatur bleibt infolgedessen ziemlich niedrig und sie verbrennt dann ohne Flamme direkt zu Kohlensäure. Wird jedoch durch Zug die Verbrennung beschleunigt und damit die Temperatur erhöht, so entwickelt sich an der Kohlenoberfläche nicht direkt Kohlensäure, sondern Kohlenoxyd oder ein Gemisch beider. Dieses Gas verbrennt dann in einiger Entfernung von der Oberfläche weiter zu Kohlensäure, und es zeigt sich dann eine kurze blaue Flamme. Leuchtend kann diese Flamme nicht sein, weil in ihr kein Ruß enthalten ist. Es eignet sich deshalb die Holzkohle nicht für jene Fälle der Feuerung, wo die Flamme zur Erhitzung verwendet werden soll. Da aber die Holzkohle selbst eine sehr hohe Temperatur annimmt, wenn an ihrer Oberfläche eine lebhafte Verbrennung vor sich geht, so wird eine Erwärmung durch direkte Berührung mit dem Brennstoff zum Ziel führen. Man wird deshalb den zu erhitzenden Körper in die Holzkohle einbetten.

Der Koks wird aus Stein- und teilweise auch aus Braunkohle nach einem ähnlichen Verfahren gewonnen, wie die Holzkohle aus dem Holz. Doch sind für diesen Zweck von Anfang an nur Retorten, die also von außen erhitzt werden und in ihrem Inneren die Kohle enthalten, verwendet worden. Der Hauptzweck solcher Anlagen kann ein verschiedener sein. Entweder wünscht man in erster Linie die gasförmigen Produkte zu gewinnen, dann liegt eine Leuchtgasfabrik vor, in welcher der Koks ein Nebenprodukt bildet. Oder es handelt sich vor allem darum Koks zu erzeugen, dann haben wir es mit einer Kokerei zu tun, und die gasförmigen und flüssigen Produkte sind als Nebenprodukte zu betrachten.

Entsprechend diesen zwei Zielen sind die Vorrichtungen, die maßgebenden Gesichtspunkte bei der Fabrikation, die Rohmaterialien und endlich die Eigenschaften der Produkte verschieden. Im Handel werden diese Produkte als Gaskoks einerseits, als Hütten- oder Schmelzkoks anderseits bezeichnet.

Der Koks ist hart und tragfähig. Er wird deshalb vor allem dort verwendet werden, wo, wie in Hochöfen und dgl., aus dem Brennstoff und den zu erhitzenden Körpern eine hohe Brennstoffsäule gebildet wird, die in keinem Teil so stark zusammengedrückt werden darf, daß die nach aufwärts streichenden Gase keinen Durchgang mehr finden. Für solche Zwecke kommen auch nur verkokte Brennstoffe in Betracht, weil in den oberen Zonen kein Sauerstoff mehr zur Verbrennung vorhanden ist, so daß die beim Anwärmen des Brennstoffs sich entwickelnden Gase nicht mehr zur Verbrennung gelangen könnten und somit nutzlos sind.

Vor allem aber ist der Umstand maßgebend, daß unverkokte Brennstoffe bei diesem Anwärmen erhebliche Mengen Wasserdampf entwickeln würden, der sich weiter oben kondensieren und sowohl bezüglich Verstopfung als auch bezüglich Explosionsgefahr zu allerhand Unannehmlichkeiten führen könnte. Bezüglich der Flammenentwicklung gilt für den Koks das gleiche wie für die Holzkohle. Er ist nur viel schwerer zu entzünden. Die eckige Gestalt seiner Stücke und sein geringes spezifisches Gewicht bringen es mit sich, daß die Luft zwischen den Koksstücken leicht durchströmen kann, und daß somit, wenn nicht eine hohe Brennstoffschicht vorliegt oder der Koks ziemlich weitgehend zerkleinert ist, in den mit ihm betriebenen Feuerungen eine Verbrennung mit großem Luftüberschuß stattfindet. Eine Annehmlichkeit ist es bei der Koksfeuerung, daß sie völlig rußfrei ist, daß die Rauchgase sehr trocken sind und endlich, daß man durch Absperrung der Luftzufuhr die Verbrennung jederzeit unterbrechen kann, bzw. soweit verringern, daß der Koks gerade noch weiterglimmt. Durch Verbesserung des Zuges kann dann das Feuer jederzeit wieder entfacht werden. Hiervon wird in den verschiedenen Dauerbrandöfen ausgiebiger Gebrauch gemacht.

Als mittlere Analyse des Kokses kann gelten:

Kohlenstoff	85 %
Wasserstoff	0,7%
Stickstoff	1,0%
Sauerstoff	1,2%
Schwefel	1,2%
Feuchtigkeit	0,9%
Asche	10,0%
Heizwert	7070 Kal.

Verhalten der Brennstoffe in der Feuerung.

Wenn in eine Feuerung, die sich schon im Betrieb befindet, frischer Brennstoff eingeworfen wird, dann wird dieser zunächst durch die Hitze entgast. Denn da in der unmittelbaren Nähe der Kohle sich nicht genug Luft befindet, um alle Kohle sofort zu verbrennen, weil ja die aus der Kohle austretenden Gase die Luft zunächst förmlich zur

Seite schieben, so sind für den ersten Augenblick die Verhältnisse nicht wesentlich anders, wie etwa in der Leuchtgasfabrikation. Dabei entwickeln sich Wasserdampf, brennbare Gase und Dämpfe in Mengen und Verhältnissen, die von der Natur des Brennstoffes wesentlich abhängen. Diese Gase werden von der Kohle wegziehen, sich mit der Luft nach und nach mischen und in dem Maß als sie genügend Sauerstoff erhalten zu Kohlensäure und Wasserdampf verbrennen. Wir haben also in der Nähe des Rostes Luftschlieren und Gasschlieren. Dadurch entsteht die Form der Flamme. Da nun aber die Znsammensetzung der Gase nicht für alle Brennstoffsorten die gleiche ist, so ist auch die Geschwindigkeit der Mischung nicht immer die gleiche. Überdies wird bei Kohlen, die weniger Gas abgeben, diese Mischung früher vollzogen sein, wie bei solchen, die mehr Gas geben. Es wird also die eine Kohle eine lange, die andere eine kurze Flamme entwickeln. Die kalte Kohle kühlt, da sie Wärme aufnimmt, die auf dem Rost befindliche Glut ab, und dies um so mehr, als sie die Wärme nicht nur aufnimmt, um selbst heiß zu werden, sondern einen großen Teil dieser Wärme den abziehenden Gasen, vor allem dem Wasserdampf, mitgibt. Das bedeutet aber, daß jedes Aufgeben von Kohle eine ganz wesentliche Abkühlung des Feuerraumes zur Folge hat, eine Abkühlung, die um so ausgiebiger und plötzlicher ist, je wasserreicher die Kohle ist, je mehr und je schneller sie Gase entwickelt. Das ist wichtig. Denn die Gase verbrennen nur dann gut und vollständig, wenn eine genügend hohe Temperatur herrscht. Nun tritt einerseits die Abkühlung als ungünstig auf, anderseits entwickeln sich die Gase mit einer Geschwindigkeit, die unserem Willen gar nicht unterworfen ist. Daher kommt es, daß sehr häufig unmittelbar nach dem Aufwerfen frischen Brennmaterials die Menge der Gase für die vorhandene Luftzufuhr zu groß wird, und infolgedessen unvollständige Verbrennung für so lange Zeit eintritt, bis die Gasentwicklung wieder nachgelassen hat. Es muß aber an der unvollständigen Verbrennung nicht immer ein wirklicher Luftmangel schuld sein. Vielmehr verursacht bei stark wasserhaltigen Kohlen der Wasserdampf eine Verdünnung des Gasgemisches, so daß die Durchdringung mit Luft langsamer vonstatten geht und deshalb eine Luftmenge, die sonst zur vollständigen Verbrennung wohl ausreichen würde, nun nicht ganz zur Einwirkung kommt. Meist beschränkt sich die Unvollständigkeit der Verbrennung auf die Rußbildung. Für diese ist schon die erwähnte Abkühlung sehr günstig, ebenso die verhältnismäßig kleinere Luftmenge; besonders aber die in diesen Zeiten größere Flammenlänge, so daß die Flamme leicht bis zu Stellen gelangt, die nicht mehr eine so hohe Temperatur aufweisen, daß der glühende Kohlenstoff noch weiter verbrennt. Die Flamme erlischt und der unverbrannte Kohlenstoff wird als Ruß von den Feuergasen mit fortgetragen. Aber es muß nicht immer nur Ruß sein, der unverbrannt bleibt. In krasseren Fällen kann auch Kohlenoxyd, ja selbst Wasserstoff und Methan in den Rauchgasen enthalten sein.

Die Flamme, die sich entwickelt, ist an ihrer Wurzel verhältnismäßig kalt. Wir haben schon davon gesprochen, daß die Flammentemperatur zur Voraussetzung hat, daß eine gewisse ihr entsprechende Wärmemenge entwickelt wurde, weil diese Wärmemenge den Wärmeinhalt des Gases ausmacht. Nun tritt aber am Rost die kalte Luft ein, und die entwickelten brennbaren Gase sind auch kaum mit einer höheren Temperatur wie etwa 400° C einzuschätzen, wenigstens nicht bei Beginn ihrer Entwicklung. Erst in dem Maß, als durch Verbrennung Wärme entwickelt wird, steigt die Flammentemperatur. Allerdings darf man nicht vergessen, daß die Flamme auch dort, wo sie ihre höchste Temperatur noch nicht erreicht hat, bereits Wärme abgegeben hat. Daher fällt auch die errechnete Verbrennungstemperatur immer zu hoch aus, weil eben nicht mehr die ganz berechnete Wärmemenge in der Flamme enthalten ist. Immerhin erhalten wir dadurch einen wichtigen Fingerzeig. Wir erkennen, daß es eine bestimmte Zone der Flamme gibt, in welcher die höchste erreichbare Temperatur liegt, und daß man der Flamme deshalb einen bestimmten Weg gönnen muß, ehe man an ihre Ausnutzung denkt, damit sie sich entwickeln kann. Es kommt sehr häufig vor, daß die höchste Temperatur im Ofen an einer Stelle erreicht wird, die hinter dem Punkt liegt, wo man sie wünscht. Das ist ein Zeichen, daß die Flamme zu lang ist, oder daß der Feuerraum zu nahe an den Ort der Verwendung der Wärme gerückt ist. Aber es kann auch der umgekehrte Fall eintreten, besonders dann, wenn nur kurzflammiges Brennmaterial zur Verfügung steht.

Wir werden uns deshalb über alle Faktoren unterrichten müssen, die die Flammenlänge beeinflussen können. Da ist in erster Linie die Stückgröße. Da die bei der Entgasung entstehenden Produkte ebenso wie die Kohle selbst die Wärme ziemlich schlecht leiten, so wird man die Gasentwicklung langsamer verlaufen lassen können, wenn man mit grobstückiger Kohle heizt, wie wenn man Nußkohle oder Kohlengrieß verwendet. Andrerseits bildet die Stückkohle größere Hohlräume, so daß man leichter einen größeren Luftüberschuß behält, der dann auch verkürzend auf die Flammenlänge wirkt. Weiter kommt die Art des Nachwerfens der Kohle in Betracht. Je feiner das Korn der Kohle ist, desto weniger auf einmal und desto öfter muß nachgelegt werden. Endlich kann man in der Anlage der Feuerung Vorsorge treffen, daß die Gase sich rascher mischen. Als Mittel dienen da vorübergehende Einschnürungen, wie die Feuerbrücke eine solche vorstellt, Richtungsänderungen, wie sie auch vielfach angewendet werden. Endlich die Zugregulierung; je schärfer der Zug, um so größer die Geschwindigkeit der Feuergase. Dadurch wird die Flamme gestreckt, wenn nach der ganzen Anlage der Feuerung ein Streichen des Feuers möglich gemacht ist. Dadurch werden aber auch die Einschnürungen und Richtungsänderungen viel wirksamer, so daß es sehr von dem speziellen vorliegenden Fall abhängt, ob man durch Änderungen der Zugstärke die Flamme verlängert oder verkürzt. Da hilft nur die Beobachtung. Die Mittel, die Flamme zu verlängern, ergeben sich nach dem Gesagten von selbst. Man wird ihr Widerstände möglichst ersparen, vor allem aber die Luftmenge tunlichst beschränken. Dafür hat man die Zugregulierung, besonders aber auch die Verkleinerung der Rostfläche ins Auge zu fassen. Man kann dadurch soweit kommen, daß man unter den Rost nicht einmal mehr die theoretisch notwendige Luftmenge eintreten läßt. Dann findet ein Ausbrennen der Flamme selbst bei sonst kurzflammigen Brennstoffen noch in ziemlicher Entfernung vom Feuerherd nicht statt. Bringt man nun an einer späteren Stelle noch eine kleine Luftmenge in den Ofen, so daß die durch den Rost zugeführte und die nun neu hinzugekommene Luftmenge zusammen bereits einen Überschuß ergeben, so setzt an dieser Stelle neuerlich eine Reaktion ein und die Flamme erlischt erst in einiger

Entfernung von der Stelle, wo die „Sekundärluft“ zugeführt worden ist. Man spricht dann wohl von einer Halbgasfeuerung, obwohl es sich dabei weniger um eine Gasfeuerung handelt, als vielmehr um ein Mittel, die Flammenlänge zu vergrößern. Allgemeine Vorschriften lassen sich da nicht geben. Es lassen sich deshalb aber Erfahrungen, die mit der einen Kohlensorte gemacht worden sind, nicht blind auf eine andere übertragen. Ebenso kann dieselbe Kohle in zwei verschiedenen Feuerungen zu sehr verschiedenen Resultaten führen. Eben darum muß man beobachten und versuchen, damit man für jeden Fall die richtigste Betriebsart trifft. Aber alle Maßnahmen sollen aus richtigen Vorstellungen kommen und alle Folgen derselben sollen wieder verwendet werden, um bessere Einsicht zu gewinnen.

Eine zweite wichtige Eigenschaft der Brennstoffe, die sich erst bei ihrer Verwendung zeigt, ist das Backvermögen. Es gibt nämlich Kohlen, die verhältnismäßig leicht schmelzen. Diese blähen sich auf, einzelne Stücke verschmelzen wohl auch manchmal zu einem Ganzen. Wenn man nun solche Kohlen in die Feuerung wirft, dann bedecken sie mit ihren blasig aufgetriebenen Schmelzkuchen ganze Teile der Rostfläche und hindern dort den Luftzutritt, während an anderen Stellen wieder Luftströme durch den Rost treten, die mit der Kohle gar nicht in Berührung kommen. Dadurch ergeben sich natürlich Schwierigkeiten, weil die Schlieren von Luft und brennbaren Gasen zu dick werden, die Flammenlänge wird zu groß und neigt zu starker Rußbildung. Der Heizer muß die zusammengebackenen Klumpen zerstören, deshalb die Feuertür oft übermäßig lang offen halten, so daß viel kalte Luft eintritt, die nicht allein den Feuerherd abkühlt, sondern auch durch den übermäßigen Luftüberschuß zu großen Essenzugverlusten führt. Aber es gibt auch Kohlen, die gerade das entgegengesetzte Verhalten zeigen. Sie zerfallen sobald sie erhitzt werden zu einem mehr oder weniger feinen Sand, der auf der Rostfläche nicht liegen bleibt, sondern durch die Rostspalten rieselt, und so Anlaß zu einem kohlenstoffreichen Rostdurchfall gibt, welcher wieder einen Verlust bedeutet. Ähnlich ergeht es oft mit Steinkohlengrieß. Man kann sich da bis zu einem gewissen Grad helfen, indem man die Kohle mit Wasser oder einer Salzlösung netzt. Sie gewinnt dadurch etwas an Backvermögen. Das ist auch der

Grund, warum manche Heizer Staubkohle förmlich als Brei in die Feuerung bringen. Natürlich verliert man aber dabei auch, weil man die Verdampfungswärme des Wassers aus der Verbrennungswärme der Kohle bestreiten muß.

Wichtig für die Beurteilung eines Brennstoffs ist endlich das Verhalten seiner Asche. Manche Kohlen weisen eine sehr leicht schmelzbare Asche auf, die in der Feuerung zu Klumpen zusammenschmilzt, dabei unverbrannte Kohle einschließt, sich an die Roststäbe und die Mauerung festsetzt und nur schwer losgestoßen werden kann.

Andere wieder geben eine stark staubende Asche, die leicht mit den Flammengasen fortgetragen wird und die Züge verlegt. Es kommt also bei der Beurteilung einer Kohle nicht allein auf den prozentischen Aschengehalt an, sondern es muß auch deren Verhalten praktisch erprobt werden. Man hat dafür einen Maßstab geschaffen durch die Rostbetriebsdauer. Man verbrennt in derselben Feuerung zwei verschiedene Kohlensorten und beobachtet nun wieviel Kohle man auf dem Rost verbrennen kann, ehe man den Rost putzen muß. Man erhält dadurch einen für die Eignung der Kohle immerhin wichtigen Anhaltspunkt. Denn man darf nicht vergessen, daß das Rostputzen nicht allein eine Arbeit für den Wärter, sondern auch ein ganz erheblicher Verlust ist, teils weil dabei alles Unverbrannte aus der Feuerung herausgeschafft werden muß, teils weil dabei viel kalte Luft eintritt, die die Feuerung abkühlt und zu Essenzugverlusten führt.

Man kann das Schlacken der Kohlen wesentlich vermindern, dadurch, daß man den Rost möglichst kühl hält. Dazu kann man verhältnismäßig größere Rostflächen anwenden, bei welchen also der Zug geringer ist, so daß eine Überhitzung nicht so leicht eintritt. Dieses Mittel wird aber leicht zu einem zu hohen Luftüberschuß führen. Es sei aber immerhin hier erwähnt, damit man sich hüte, bei solchen Feuerungen die Rostflächen unnütz zu verkleinern. Ein sehr wirksames Mittel ist das Einblasen von Wasserdampf bzw. die Anlage eines kleinen Sumpfes im Aschenfall. Wie wir bei den Generatoren noch näher ausführen werden, reagiert dieser Wasserdampf mit dem glühenden Kohlenstoff. Dabei wird Wärme verbraucht, also der Rost gekühlt, welche Wärme später bei der Verbrennung des gebildeten Wasserdampfes wieder gewonnen wird. Der Wärmeverlust ist aber auch da vorhanden. Denn wenn man fertiggebildeten Wasserdampf einbläst, dann ist die zu seiner Erzeugung notwendige Wärme in Rechnung zu setzen, vermehrt um die welche notwendig ist, um den Dampf von seiner ursprünglichen auf die Essengastemperatur zu bringen. Wendet man aber einen Sumpf an, dann muß das Wasser durch die vom Rost nach unten ausstrahlende Wärme verdampft werden und der Dampf alsdann wieder bis auf Essengastemperatur erwärmt werden. Es ist also bei der Aufstellung der Wärmebilanz jedenfalls der zugeführte Wasserdampf zu berücksichtigen, wohl am einfachsten dadurch, daß man die pro 100 g Kohle durchschnittlich in die Feuerung gebrachte Menge ermittelt und diese Menge zu der aus der Kohlenanalyse stammenden hinzuschlägt.

Bau und Betrieb der Feuerungen.

Jede Feuerung besteht aus drei Teilen, die jedoch nicht immer streng voneinander geschieden sein müssen: der Verbrennungsraum, der Heizraum und der Schornstein. Fig. 19 zeigt eine schematische Übersicht über einen Ofen. Die Teile sind mit ihren Anfangsbuchstaben bezeichnet.

Der Verbrennungsraum oder die eigentliche Feuerung enthält bei festen Brennstoffen stets den Rost, auf welchen der Brennstoff zu liegen kommt. Gegen außenhin setzt sich der Rost fort in Form der sogenannten Herdplatte, an welche sich weiter die Feuertüre anschließt. Unter dem Rost befindet sich ein Raum zum vorübergehenden Aufsammeln der Asche, der Aschenfall, dessen Zugang von außen meist in mehr oder weniger vollkommener Weise verschließbar ist. Hierzu dienen Türen mit Ausnehmungen, Klappen usw. Der

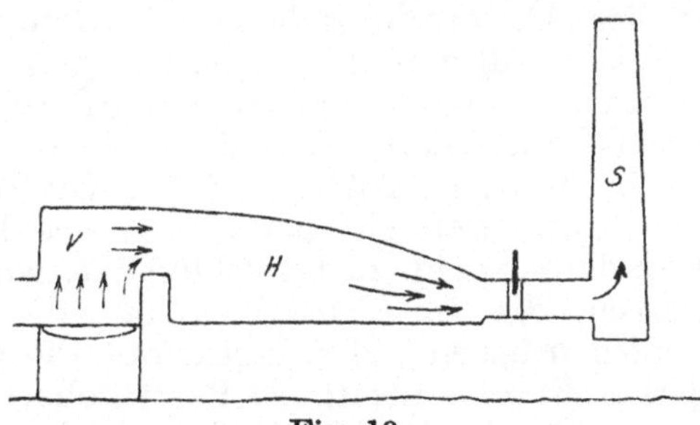

Fig. 19.

frische Brennstoff wird auf den Rost aufgeworfen und hierauf die Feuertür geschlossen. Die Luft zieht durch den Aschenfall unter den Rost, durch diesen hindurch zum Brennstoff. Die bei der Verbrennung entwickelte Flamme wird nun weiter in den Heizraum geleitet, wo ihre Wärme zur Verwendung gebracht wird. Hierbei sucht man ihr ein vorübergehendes Hindernis in den Weg zu legen, damit eine bessere Durchmischung von Luft und Flammengasen erzielt wird. Diesem Zweck dient die zwischen Feuerraum und Heizraum in irgendeine Form angebrachte Feuerbrücke. Die Form des Feuerraumes wird wesentlich beeinflußt von der Art des verwendeten Rostes. Man unterscheidet da drei Haupttypen: den Planrost, den Schrägrost und den Treppenrost.

Der Planrost kommt in den verschiedensten Ausführungen vor. Bei den einfachsten Formen sind die Roststäbe und ein Rahmen zusammengegossen, z. B. bei Zimmeröfen. Bei größeren Rosten werden einzelne Roststäbe verwendet, die auf im Feuerraum vorgesehenen Trägern bzw. auf der Herdplatte aufruhen. Um die Größe der Rostspalte zu sichern, sind die Enden des Roststabes etwas verstärkt, Köpfe. Bei längeren Roststäben bringt man eine solche Verstärkung auch in der Mitte an. Die Höhe des Roststabes ist in der Regel in der Mitte größer wie an den Enden. Die Rostspalte bestimmt bis zu einem gewissen Grad die Menge der Luft, welche in der Zeiteinheit in die Feuerung eintreten kann. Es muß also, soll etwa per Stunde eine bestimmte Menge Kohle in einer Feuerung verbrannt werden, die Summe aller Rostspalten groß genug sein, um die notwendige Luftmenge eintreten zu lassen. Anderseits muß sich die Rostspalte nach den Besonderheiten des Brennstoffes richten. Während sie bei backenden Kohlen und bei Sinterkohlen ziemlich breit sein kann, weil ein Durchfallen des Brennstoffes durch den Rost dann nicht zu befürchten ist, wird bei Sandkohlen und solchen, die im Feuer zerfallen, die Spalte enger gewählt werden müssen. Man bezeichnet die gesamte vom Rost bedeckte Fläche als totale Rostfläche, während man den auf die Spalten entfallenden Teil als freie Rostfläche anspricht. Für die Feuerung kommt naturgemäß nur die freie Rostfläche in Betracht, und das Bestreben, sie möglichst groß zu erhalten, sowie andere Rücksichten haben zu oft recht verschiedenartigen Ausbildungen der Roststäbe geführt, welche jedoch hauptsächlich nur für Dampfkesselfeuerungen in Betracht kommen. Beim Bau größerer Rostflächen ergibt sich manchmal die Schwierigkeit, daß man, um richtige Verhältnisse zu erzielen, die Roststäbe länger wie 1 m machen müßte. Man teilt dann die ganze Fläche durch entsprechende Träger und macht die Roststäbe nur halb bzw. ein Drittel so lang. Der Planrost hat den Nachteil, daß die Verteilung der Kohle auf ihm von der Geschicklichkeit und Aufmerksamkeit des Heizers abhängt, bzw., daß zur Herstellung einer richtigen Verteilung oft erheblich lange bei offener Feuertür gearbeitet werden muß. Dies bedingt aber den Eintritt von viel kalter Luft, worunter bekanntlich der Nutzeffekt der Feuerung leidet.

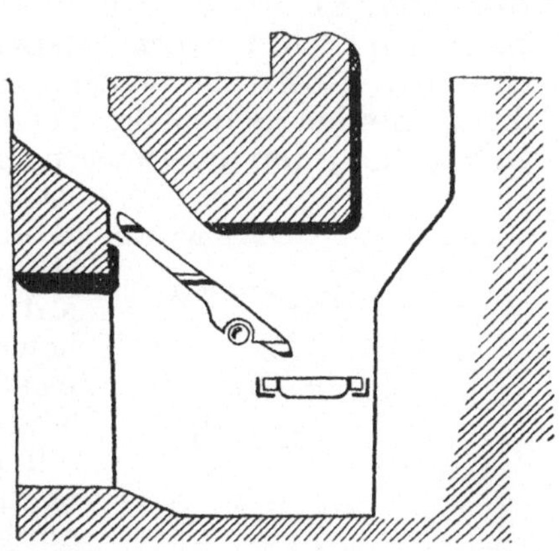
Fig. 20.

Man verwendet deshalb vielfach Schrägroste, Fig. 20. Sie bestehen aus zwei Teilen, dem eigentlichen Schrägrost, dessen einzelne Roststäbe durch eine hakenförmige Ausbuchtung im Unterteil sich auf einen Träger stützen, während das obere Ende sich an die Herdplatte anlehnt. Die Spaltbreite wird durch einzelne rippenförmige Verstärkungen gesichert. An das untere Ende des Schrägrostes schließt sich mit einem kleinen Spielraum ein Planrost an. Die Heizplatte liegt entsprechend schief und führt im Zusammenhang mit der Ausbildung des oberen Mauerwerkskörpers zu einer Art Fülltrichter, der sogenannten Gosse. Wird in diese Brennstoff eingefüllt, so rieselt er zunächst längst der Rostplatte, dann längst des Schrägrostes bis auf den Planrost. Hat sich aber dort eine entsprechende Menge angesammelt, so staut diese den Brennstoff zurück, so daß er auf dem Schrägrost in ziemlich gleichmäßiger Schicht zu liegen kommt, und schließlich auch die ganze Gosse angefüllt werden kann. Wenn nun die Feuerung im Betrieb ist, so erkennt man leicht, daß entsprechend dem auf dem Rost verbrennenden Anteil immer wieder neue Mengen des Brennstoffes nachrutschen und so die Feuerung in einem sehr gleichmäßigen Betriebszustand verbleibt. Es genügt darauf zu achten, daß in der Gosse stets ein entsprechender Vorrat an Brennmaterial vorhanden ist. Allerdings hat diese Art der Feuerung den Nachteil, daß sie nicht so leicht zu beeinflussen ist, wie eine Planrostfeuerung. Beide Arten von Rosten haben den Nachteil, daß durch die Rostspalten mehr oder weniger leicht Brennstoff in den Aschenfall gelangen kann.

Man wählt deshalb in manchen Fällen sogenannte Treppenroste, Fig. 21, welche in ihren sonstigen Einbau in den Ofenraum den Schrägrosten entsprechend gebaut werden. Die einzelnen Roststäbe werden durch flache Eisen gebildet, die zu beiden Seiten des Verbrennungsraumes auf eigenen Gußstücken, den Rostwangen, gelagert sind. Aus der Figur ist ersichtlich, daß selbst sandige Kohlen hier nicht durch die Roststäbe fallen können. Ein anderes Mittel, den Brennstoff davor zu bewahren, vorzeitig durch den Rost in den Aschenfall zu gelangen, besteht darin, den Aschenfall gegen die äußere Luft dicht abzuschließen und die Verbrennungsluft in ihn einzublasen. Es wird dann der Brennstoff auf der Rostplatte förmlich schwebend erhalten, und es gelingt auch feinen Kohlengrieß auf diese Weise gut zu verbrennen. Kudlitschfeuerung.

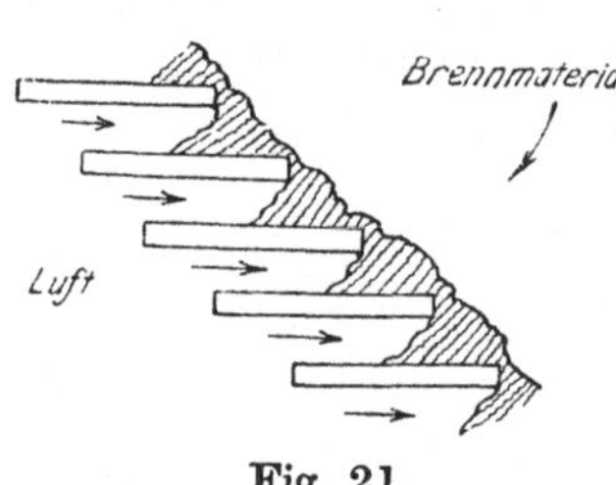

Fig. 21.

Die vom Rost aufsteigenden Flammen entwickeln sich zunächst im Feuerraum V (Fig. 19) und werden von dort über die Feuerbrücke B in den Heizraum H geführt. In manchen Fällen, in denen man befürchtet, daß durch den Rost zu wenig Luft eintreten werde, so daß die Verbrennung nicht gut vonstatten gehen kann, mischt man an dieser Stelle neuerdings Luft zu, indem man an der oberen Kante der Feuerbrücke Kanäle ausmünden läßt, die mit der freien Luft in Verbindung stehen. Man nennt die dort zugeführte Luftmenge Sekundärluft. Wir werden auf diese Verhältnisse bei den Halbgasfeuerungen genauer zurückkommen.

Die Gestalt des Heizraumes kann eine sehr verschiedene

sein. Bei den Flammöfen kommt die Flamme mit dem zu erhitzenden Gut in unmittelbare Berührung. Wir finden da hauptsächlich 2 Typen: die liegenden Öfen, wie sie in allen den Fällen verwendet werden, wo flüssige Stoffe, z. B. wässerige Lösungen, geschmolzene Metalle, geschmolzene Gläser erhitzt werden; stehenden Öfen, auch Rundöfen genannt, bei denen die Flamme entweder durch die Ofensohle eintritt und durch den Scheitel des Gewölbes abzieht, Öfen mit durchziehender Flamme, oder solche, bei denen die Flamme durch die Feuerbrücke gegen das Gewölbe gedrängt wird, um alsdann niederstürzend durch Öffnungen in der Ofensohle abzuziehen — Sturzöfen, Öfen mit niederschlagender Flamme.

In manchen Fällen wünscht man die zu erhitzenden Stoffe vor den Feuergasen zu bewahren. Die Gründe dafür können verschiedene sein. So fürchtet man in der keramischen Industrie die Flugasche, vielfach auch den Schaden, den eine direkt auftreffende Flammenschliere der Ware bereiten kann. In anderen Fällen entwickelt das Gut beim Erhitzen Gase, welche gewonnen werden sollen (Sulfatöfen). Man schließt dann das zu erhitzende Gut in einen Raum ein, welchen man von außen erhitzt, die sogenannte Muffel.

Aus dem Heizraum ziehen die Gase gegen den Schornstein ab. Das Verbindungsglied zwischen Heizraum und Schornstein wird in der Regel der Fuchs genannt. Der Schornstein selbst ist eine meist gemauerte Röhre, welche von den heißen Abgasen durchströmt wird. Seine Wirkung beruht darauf, daß diese Abgase infolge ihrer hohen Temperatur leichter sind als die umgebende Luft, woraus sich für sie ein Trieb nach aufwärts ergibt. Es herrscht deshalb am Fuße des Kamins stets der größte Unterdruck, und es strömt von überall her Luft zu diesem Punkt, von wo sie nur überhaupt dorthin gelangen kann. Der einfachste Weg ist naturgemäß der durch den Rost, den Feuerraum und den Heizraum, solange die Feuertür geschlossen ist. Wird diese geöffnet, so ist der Weg über den Rost weg der einfachere und der Luftzug durch den Rost wird aufhören. Ist, wie bei dem Schrägrost in Fig. 20, das Einziehen von Luft sowohl durch den Rost als auch durch die Gosse möglich, so wird sich die Luft auch beider Wege bedienen, um in die Feuerung zu gelangen. Daraus ergibt sich, daß die Ausstattung des Feuerraumes mit Türen, Klappen usw. auf die Regulierung des Ofens von wesentlichem Einfluß sein wird. Der Widerstand, den die Luft beim Durchstreichen durch den Rost und die darauf gelagerte Brennstoffschicht findet, ist der größte, den sie auf ihrem Weg zu überwinden hat. Im Feuerraum selbst tritt ihr alsdann kein Hindernis mehr entgegen. Das führt nun oftmals zu einer schlechten Durchmischung von Flammen- und Luftschlieren. Deshalb verengt man den Querschnitt durch die Feuerbrücke vorübergehend und läßt erst im Heizraum eine völlig freie Entfaltung der Flamme zu. Grundsatz ist, daß die Flamme auf ihrem ganzen Weg ihre Richtung nirgends verlieren darf, d. h. daß man immer Herr über die Flammenführung bleibt.

Geht die Flammenführung an irgendeinem Punkt verloren, so zeigt sich dies dadurch an, daß die Flamme Wirbel bildet und ihren hellen Glanz verliert, sie erscheint rauchig. Die Ursache muß nicht immer in einem Luftmangel liegen. Der Luftmangel ist oft nur an den Stellen, an denen die Flamme wirbelt und hierdurch von der vorhandenen Luft keinen Gebrauch macht. Der entgegengesetzte Fall ist der, daß die Flamme zwar in allen Punkten des Ofens geführt erscheint, aber erst im Fuchs oder gar im Schornstein zur Entwicklung ihrer höchsten Temperatur gelangt. In diesem Fall kann allerdings der langen Flamme der Kohle die Schuld beigemessen werden, aber man darf nicht übersehen, daß man durch Verringerung der Flammengeschwindigkeit und durch bessere Mischung der Flammengase mit der Luft (Sekundärluft) Mittel in der Hand hat, um die Flammenlänge innerhalb weiter Grenzen zu regulieren. Kommt endlich der Fall vor, daß die Flamme zu kurz ist, um den Heizraum gleichmäßig zu erwärmen, so wird man durch Vergrößerung der Flammengeschwindigkeit nachhelfen oder dadurch, daß man Bedingungen schafft, durch die die Mischung der Flammengase mit der Luft etwas erschwert wird. Allgemeine Regeln lassen sich bei der großen Verschiedenheit der Ofenformen und Ofenzwecke nicht geben. Wer aber den jeweils auftretenden Übelstand richtig erkannt hat, wird mit dem hier Vorgebrachten meistens so auskommen, um sich selbst helfen zu können.

Der Schornstein stellt einen Apparat vor, dem wir nur eine bestimmte gleichbleibende Leistung zumuten können.

Verlangen wir von ihm weniger als er zu leisten vermag, so wird er eine intensivere Wirkung entfalten, muten wir ihm aber zu viel zu, so wird er halb und halb versagen. Wir wissen aus dem vorhergehenden Kapitel, daß eine bestimmte Menge Kohle auch eine bestimmte Menge von Rauchgasen ergibt. Wenn wir so sprechen, so setzen wir dabei voraus, daß die Verwendungsart des Ofens, die gewünschte Sparsamkeit und die vorgeschriebene Temperatur das Volumen der Rauchgase genügend genau bestimmen. Daraus ergibt sich zunächst, daß das Verhältnis zwischen Rostfläche und Schornstein ein bestimmtes sein muß für jeden Ofen.

Wird die Rostfläche zu klein gewählt, so läßt sich auf ihr bei normalem Betrieb nicht so viel Kohle verbrennen, als der Ofen braucht. Ist allerdings der Essenzug ein scharfer, so wird auch auf der kleinen Rostfläche eine verhältnismäßig große Menge Brennstoff in der Stunde verbraucht werden können. Bei normaler Brennstoffschicht wird aber alsdann der Luftüberschuß größer ausfallen als erwünscht. Man wird deshalb zu einer größeren Schichthöhe greifen, die Gaszusammensetzung wird zwar die normale werden, aber die Gasgeschwindigkeit im Ofen wird eine so beträchtliche, daß die Flamme bis in den Fuchs reicht, wenn sie nicht gar bis in den Schornstein kommt. Der Erfolg ist ein Zurückbleiben des Heizraumes in der Temperatur und unverhältnismäßig heiße Abgase.

Ist die Rostfläche zu groß, dann ist der Zutritt der Luft so sehr erleichtert, daß im ganzen Ofen die Zugwirkung gering erscheint. Wir beobachten schlechte Flammenführung, Wirbel, rauchende sich wälzende Flammen. Der Ofen kann bei normaler Beschickung die notwendige Kohlenmenge verbrauchen, aber weil infolge des geringen Zuges die Mischung der Gase unvollkommener ist, kommt er nicht auf die entsprechende Temperatur und neigt sehr zum Qualmen und Rußen. Man ist deshalb genötigt, Organe anzubringen, durch welche der Zug reguliert wird. Die gewöhnlichste der gebräuchlichen Vorrichtungen ist der Rauchschieber, eine Platte, die bei der Einmündung des Fuchses in den Schornstein derart angebracht ist, daß durch sie der Ofen mehr oder weniger vom Schornstein abgesperrt werden kann. Man kann also zu scharfen Zug mindern. In anderen Fällen gestaltet man die Türen des Feuerraumes so aus, daß man es in der Hand hat, mehr oder weniger Luft in diesen und damit in den Ofen eintreten zu lassen.

Die Verteilung der Zugwirkungen im Ofen ist eine überaus wichtige Sache. Man muß mit dem Essenzug auskommen, um alle in der Feuerung auftretenden Widerstände zu überwinden. Manchmal treten außer denen, die durch den Widerstand des Brennstoffs — also auf dem Rost — vorkommen, und denen die sich aus den Richtungsänderungen bei der Feuerbrücke ergeben, so gut wie gar keine Zugverluste auf. In anderen Fällen aber muß die Flamme zwischen dem den Heizraum erfüllenden Material sich hindurchzwängen, oder wie bei den Mufföfen durch eine Reihe enger Kanäle streichen, wofür naturgemäß ziemlich viel Zug verbraucht wird. Ist die Verteilung der Widerstände in der Feuerung eine ungünstige, so zeigen die Flammen an den Stellen zu geringen Widerstandes eine große Geschwindigkeit, während sie unmittelbar vor und hinter den großen Widerständen zum Wirbeln neigen.

Bei Planrostfeuerungen kommt zu den bisher besprochenen Tatsachen noch die Unregelmäßigkeit in der Beschickung des Rostes. Ist einmal die Feuerung im vollen Betrieb, also der Feuerraum heiß, so wird das Aufwerfen frischen Brennstoffs zunächst zur Folge haben, daß die Kohle sofort größere Mengen von Wasserdampf, gasigen und teerigen Produkten entbindet. Es wird dann die durch den Rost eindringende Luftmenge oft nicht ausreichen, um die so plötzlich auftretenden gasförmigen Brennstoffmengen mit der genügenden Menge Sauerstoff zu versorgen. Es ergibt sich für einen Augenblick unvollständige Verbrennung und Rußentwicklung am Kamin. Natürlich hängt diese Erscheinung vor allem damit zusammen, daß im Ofen eine mehr oder weniger gasreiche Kohle zur Verwendung kommt. Es empfiehlt sich deshalb unter Umständen gleich nach dem Aufwerfen des Brennstoffes den Zug zu verstärken, um so dem erhöhten Luftbedarf der Feuerung zu entsprechen. Man kann auch unter denselben Umständen zunächst die Feuertür einige Zeit offen halten, um so über dem Rost eine größere Luftmenge einzuführen. Bei Schräg- und Treppenrosten ist die Zufuhr frischen Brennstoffes eine kontinuierliche, und es treten deshalb bei diesen Feuerungen solche Erscheinungen nicht auf. Dagegen gibt die Feuerung selbst zur Bildung von Schlieren sehr verschiedener Zusammensetzung Anlaß, so daß es wichtig ist, der Flammenmischung eine erhöhte Aufmerksamkeit zuzuwenden.

Für alle Feuerungen ergeben sich Unregelmäßigkeiten aus dem Aschengehalt der Kohle. Ein Teil dieser Asche fällt wohl immer durch die Rostspalten, ein anderer aber klemmt sich zwischen dieselben oder bäckt gar an die Roststäbe an. Die Rostspalten erscheinen dann, von unten gesehen, nicht mehr rot von der glühenden Kohle, sondern mehr oder weniger trüb, schwarz. Diese Aschenteile sind für die zuströmende Luft ein Hindernis, sie gestatten nicht mehr, daß neu entstehende Asche durch den Rost fällt, der Rost ist verstopft. Man wird deshalb genötigt sein, den Rost von Zeit zu Zeit zu putzen, d. h. den Brennstoff ziemlich weit niederbrennen zu lassen, um alsdann mit dem Schüreisen alles, was sich an glühender Kohle und Asche auf dem Rost befindet, herauszuholen, etwa angebackene Schlackenstücke loszustemmen und die Rostspalten zu säubern. Diese Arbeit ist nicht allein beschwerlich, sie führt auch zu mehr oder weniger großen Verlusten. Man wird deshalb bei der Verwertung einer Kohle auch praktisch zu erproben haben, wie lange man denn die Feuerung betreiben kann ohne putzen zu müssen. Diese Rostbetriebsdauer ist nicht allein abhängig vom perzentischen Gehalt der Kohle an Asche, sondern auch von der besonderen Beschaffenheit — Schmelzbarkeit — derselben.

Die Frage der Rostbetriebsdauer ist vor allem eine ökonomische. Schon bei Feuerungen, die nicht auf hohe Temperaturen abzielen, wie etwa bei Dampfkesselfeuerungen, spielt sie eine wesentliche Rolle, weil bei jedem Rostputzen erhebliche Mengen halbverbrannten Brennstoffes aus der Feuerung herausgerissen werden müssen. Aber auch die kalte Luft, die während dieses Vorganges in die Feuerung eindringt, verursacht Schaden, weil durch sie die Innenflächen der Feuerung erheblich abgekühlt werden, so daß es beim Weiterfeuern einiger Zeit und damit eines gewissen Brennstoffaufwandes bedarf, ehe nur die Feuerung wieder in dem Zustand ist, in dem sie vor dem Rostputzen war. Diese Übelstände machen sich naturgemäß bei Öfen, in denen hohe Temperaturen erzielt werden sollen, in viel stärkerem Maß geltend, und es kann vorkommen, daß ein Rostputzen erst wieder durch halbstündigen oder gar einstündigen Betrieb ausgeglichen werden muß.

Natürlich darf man bezüglich der Brennstoffqualität nicht immer idealen Forderungen nachhängen. Die örtlichen Verhältnisse, die Tatsache, daß man zu dem Zunächstliegenden greifen muß, spielen da eine ausschlaggebende Rolle. Oftmals wird es unter Berücksichtigung der Preisverhältnisse möglich sein, durch Mischung zweier Kohlensorten wesentliche Vorteile zu erzielen. Dieser Fall kann sowohl dann eintreten, wenn durch die Mischung die Flammenlänge vergrößert oder verkleinert wird, aber auch dann, wenn dadurch die Rostbetriebsdauer über eine unter den gegebenen Verhältnissen kritische Zeit hinaus verlängert wird.

Es ist hier vielleicht am Platze, noch einige Worte über die Zugmessung zu verlieren. Die einfachste Form der Zugmessung besteht darin, daß man Wasser in ein U-förmig gebogenes Glasrohr bringt, dessen einen Schenkel man durch einen Kautschukschlauch in Verbindung mit dem Raum bringt, in welchem der Zug zu messen ist. Dieser Apparat ist ziemlich unempfindlich, denn in der Mehrzahl der Fälle wird der größte in der Feuerung vorzufindende Unterdruck 15 bis 20 mm Wassersäule kaum übersteigen. Man hat deshalb eine Reihe genauerer, allerdings auch teuerer Zugmesser erdacht, auf deren Beschreibung hier nicht weiter eingegangen werden braucht, weil sie den meisten Instrumenten als Gebrauchsanweisung mitgegeben werden. Wenn wir das eine Ende des Zugmessers mit der freien Luft in Verbindung lassen und das andere nach und nach mit verschiedenen Teilen des Ofens verbinden, so wird sich etwa folgendes ergeben. Im Aschenfall wird so gut wie kein Zug herrschen, wenn die Türen oder Klappen geöffnet sind. Verfügt der Ofen über keinen Rauchschieber, sondern erfolgt die Zugregulierung hauptsächlich durch Schließen der Klappen des Aschenfalles, so wird sich in diesen Zeiten auch unter dem Rost ein erheblicher Unterdruck einstellen. Über dem Rost wird stets eine merkbare Zugwirkung zu messen sein. Es ist aber zu beachten, daß für Geschwindigkeit des Luftzuges durch die Rostspalten nur die Differenz des Druckes unter und über dem Rost maßgebend ist, so daß die Angabe des Zugmessers oberhalb des Rostes für sich allein oft ein falsches Bild ergibt. Man gebraucht deshalb vielfach Differenzzugmesser, deren eines Ende mit dem Raum über, deren anderes mit dem unter dem Rost in Verbindung steht. Bringen wir den Zugmesser mit dem Heizraum in Verbindung, so wird er stets einen etwas größeren Unterdruck anzeigen, als wir ihn über dem Rost gefunden haben. Es wird allerdings sehr von den Verhältnissen abhängen, ob der Unterschied gegenüber dem Raum über dem Roste wesentlich ist oder nicht. Gegen den Fuchs zu wird die Angabe des Zugmessers immer größer ausfallen, aber immer nur verhältnismäßig langsam zunehmen, bis wir endlich vor dem Essenschieber angelangt sind. Die Räume unmittelbar vor und hinter diesem werden sehr verschiedene Unterdrucke aufweisen, wenn der Schieber ziemlich stark geschlossen ist, die Differenz wird eine geringe sein, wenn der Schieber den Abgasen den Weg frei gibt. Würden wir unsere Messungen auch noch den Schornstein entlang fortsetzen, so würden wir in diesem mit steigender Höhe eine allmähliche Abnahme des Zuges konstatieren.

Wärmeübertragung.

Die in einer Feuerung erzeugte Wärme bliebe vollkommen nutzlos, wenn sie nicht von den Feuergasen auf die zu erwärmenden Körper übergehen würde. Dieser Übergang erfolgt je nach den besonderen Verhältnissen in verschiedenartiger Weise. Wir wollen zunächst drei besondere Fälle besprechen, die freilich niemals für sich allein vorkommen werden, sondern in der Praxis stets in irgendeiner Art abhängig voneinander in die Erscheinung treten.

Es kommt vor, daß eine Wand, ein Stab usw. auf der einen Seite wesentlich heißer ist wie auf der anderen. In diesem Fall wandert die Wärme innerhalb des Körpers von der wärmeren zur kälteren Stelle. Wir nennen den Vorgang innere Wärmeleitung. Durch ihn wird beispielsweise die Wärme von den inneren Flächen eines Kachelofens nach den Außenflächen befördert. Je nachdem dieser Transport rasch oder langsam, gut oder schlecht, vonstatten geht, unterscheiden wir gute und schlechte Wärmeleiter. Zu den guten zählen die Metalle.

Wesentlich anders liegen die Verhältnisse, wenn die Wärme von einem heißen Körper auf einen anderen übergeht, der mit dem ersten in Berührung steht. Es kommt dann vor allem darauf an, mit welcher Leichtigkeit die Oberfläche des zweiten Körpers die Wärme aufnimmt. Das hängt nun allerdings teilweise auch von dem ersten Körper ab, auch davon, ob einer der beiden Körper gasförmig oder flüssig ist und ob er sich in Ruhe oder in Bewegung befindet. Besonders bei Gasen, Flammen bildet sich an der Berührungsfläche mit einem Wärme aufnehmenden Körper sehr leicht eine mehr oder weniger ruhende Schicht, durch welche dann die Nachlieferung von Wärme nicht rasch genug vor sich geht. Es wird deshalb die äußere Wärmeleitung eine viel bessere sein, wenn die mit dem festen Körper in Berührung befindliche Flüssigkeit oder Gasmasse in lebhafter Bewegung sich befindet. Umgekehrt wird man dadurch, daß man ruhende Luftschichten schafft, von denen aus die Wärme durch äußere Wärmeleitung weitergegeben wird, so daß sie von dem zunächst empfangenden festen Körper aus abermals an ruhende Luft weitergegeben wird usf., der Bewegung der Wärme einen sehr bedeutenden Widerstand entgegensetzen. Deshalb wirken alle lockeren und feinpulverigen Substanzen wie Seide, Kieselgur, Bettfedern usw. als Wärmeisolatoren.

Obwohl die äußere und die innere Wärmeleitung im besonderen Fall eine gewiß nicht zu unterschätzende Rolle bei der Wärmeübertragung spielen, kommt doch als wichtigster Faktor für dieselbe die Wärmestrahlung in Betracht. Sie erfordert nicht, daß der heiße und der kalte Körper miteinander in Berührung stehen. Die Wärme geht durch Strahlung von einem auf den anderen Körper über, ohne das Zwischenmittel wesentlich zu erwärmen. Ist die Temperaturdifferenz zwischen den beiden Dingen eine geringe, so ist auch die Wärmestrahlung sehr klein, so daß die Wärmeleitung entschieden in den Vordergrund tritt. Aber die Wärmeleitung wird bei vielen Stoffen mit zunehmender Temperatur geringer oder nimmt nur unbedeutend zu, während die Wärmestrahlung mit der Temperatur rapid ansteigt. So kommt es denn, daß bei der hohen Temperatur der Flammen die Wärmeübertragung durch Strahlung meist entschieden in den Vordergrund tritt, besonders dann, wenn wir es mit Feuerungen zu tun haben, in denen hohe Temperaturen erzielt werden, wie etwa in den Öfen der keramischen und metallurgischen Industrien. Wenn wir uns verschiedene Stoffe denken, die alle auf die gleiche Temperatur erhitzt werden und frei im Raume ausstrahlen können, also etwa aufgehängte Kugeln, so würden wir bald finden, daß manche von ihnen, z. B. Kupfer, nur wenig Wärme ausstrahlt, während andere, z. B. Eisen, ein größeres Strahlungsvermögen zeigen. Bringen wir anderseits eine kalte Kupferkugel in einen heißen Hohlraum, so wird sie die Wärmestrahlen nicht so leicht aufnehmen wie etwa die Eisenkugel, indem sie einen ziemlich großen Anteil derselben zurückwirft, reflektiert, ähnlich wie ein Spiegel das Licht. Diese Tatsache ist von grundlegender Bedeutung für den Gebrauch der optischen Pyrometer. Denn da dieselben aus der Größe der Strahlung die Temperatur eines Körpers angeben sollen, so wäre vorauszusehen, daß sich für eine Kupferkugel eine viel geringere Temperatur zeigen würde, wie etwa für eine ebenso heiße Eisenkugel, vorausgesetzt, daß beide ohne jede Umhüllung frei im Raume aufgehängt werden. Ist andrerseits die Kupferkugel in einer kupfernen Umgebung, also etwa in einem Hohlraum, der selbst mit Kupfer ausgeschlagen ist, und die Eisenkugel in einem solchen, der von Eisenblech begrenzt ist, so empfangen beide Kugeln Wärmestrahlen von ihrer Umgebung, von denen sie einen Teil aufnehmen, einen anderen zurückwerfen. Nun wirft die Kupferkugel mehr Wärmestrahlen zurück als die Eisenkugel, dafür aber strahlt sie selbst weniger Wärme aus. Es ergibt sich so ein Ausgleich, der dahin führt, daß beide Kugeln dieselbe Strahlung zeigen, sobald sie in Hohlräumen sind, die von gleichem Material begrenzt sind. Daraus folgt, daß wir mit dem optischen Pyrometer stets richtig messen, wenn wir durch ein Schauloch in einen Ofen hinein visieren.

Wichtig ist, daß Wärmestrahlen auf ihrem Weg durch Gase, also insbesonders durch die glühenden Gase der Flammen, teilweise vernichtet werden. So kommt es, daß beispielsweise das Ofengewölbe eines Flammofens unter Umständen nicht mehr imstande ist, auf die Ofensohle durch Strahlung zu wirken, nämlich dann, wenn die Dicke der dazwischenliegenden Flammenschicht eine zu große wird. Man kann die Grenze für die Dicke der Flamme bei etwa l m annehmen. Es folgt aber daraus auch, daß die Wirkung der entfernter liegenden Teile der Flamme durch die näher liegenden Teile erheblich abgeschwächt werden können.

Es erscheint beinahe allzu einfach, wenn wir noch hervorheben, daß Wärme stets nur von einem wärmeren auf einen kälteren Körper übergehen kann. Immerhin hat es Zeiten gegeben, in denen dieser Satz angezweifelt worden ist. Für uns folgt daraus, daß die Flammen stets heißer sein müssen, als wir uns das zu erwärmende Gut wünschen. Allerdings hängt die Temperaturdifferenz zwischen den Flammen und dem Ofeninhalt sehr davon ab, wie hoch die Temperatur im Ofen überhaupt werden soll. Handelt es sich z. B. um eine Dampfkesselfeuerung, bei der wir ja ohnehin nicht allzu hoch mit der Temperatur zu gehen brauchen, so muß zwischen den Flammengasen und dem Kesselinhalt eine Differenz von mehreren hundert Graden angestrebt werden, damit die Wärmemengen mit der gewünschten Geschwindigkeit durch Wärmeleitung und Wärmestrahlung auf den Kesselinhalt übertragen werden. Ist dagegen die Temperatur im Ofen ohnehin eine sehr hohe, so erfolgt der Ausgleich der Temperaturen durch Strahlung um so vieles leichter, daß schon eine Differenz von hundert oder weniger Graden genügt, um mit derselben Geschwindigkeit die Wärme von der Flamme auf das Gut zu übertragen.

Unvollständige Verbrennung.

Wir haben bis jetzt nur die Fragen behandelt: Wie können wir in einer Feuerung überhaupt das vorgeschriebene Ziel erreichen, und wie können wir dieses Ziel auf die sparsamste Weise erreichen? Dabei haben wir die Schwierigkeiten, die sich aus dem besonderen Verhalten der Brennstoffe und der Anlage der Feuerung ergeben, nicht weiter beachtet. Wir wollen nun eine allgemein mögliche Erscheinung in den Kreis unserer Betrachtung ziehen, welche die beiden oben erwähnten Fragen betrifft, insbesonders aber vom hygienischen Standpunkt eine besondere Bedeutung hat. Es ist das die sogenannte unvollständige Verbrennung.

Sie besteht darin, daß nicht alle in die Flamme übergehenden Stoffe in Kohlensäure und Wasser umgewandelt werden. Der einfachste Fall tritt auf, wenn eine leuchtende Flamme plötzlich abgekühlt wird. Es kann dann die chemische Reaktion nicht vollkommen ablaufen. Der in der Flamme verteilte glühende Ruß kann, wenn er unter eine bestimmte Temperatur abgekühlt wird, sich nicht mehr mit dem Sauerstoff verbinden. Stößt die Flamme, solange sie selbst noch glühenden Ruß enthält, also leuchtend ist, gegen kalte Körper — Dampfkesselheizflächen, kalte Ofenwände — so wird sie abgekühlt und der in ihr fein verteilte Ruß geht, ohne verbrannt worden zu sein, mit den Essengasen fort. Das bedeutet für die Feuerung einen ebensolchen Verlust, wie der Rostdurchfall, für die Umgebung der Feuerstätte aber eine arge Belästigung.

Es ist nicht ganz einfach, eine Bestimmung des Rußes durchzuführen. Man saugt dazu eine größere Rauchgasmenge durch ein Baumwoll- oder Asbestfilter und wägt dasselbe vor und nachher im trockenen Zustande. In der Regel sind die Kohlenstoffverluste infolge Rußbildung sehr gering. Ihre Einstellung in die Wärmebilanz erfolgt ähnlich wie die durch Rostdurchfall. Es besteht jedoch in den zur Berechnung benutzbaren Daten der Unterschied, daß hier die verlorene Kohlenstoffmenge in Beziehung zur Gasmenge gebracht ist, während sie beim Rostdurchfall auf die Kohlen bzw. Aschenmengen sich bezieht.

Beispiele:

75. Beim Verbrennen der Braunkohle (Seite 24) erhielten wir ein Rauchgas mit durchschnittlich 12,12% CO_2. Per cbm Rauchgas entstünden 2 g Ruß. Der Rostdurchfall sei frei von Unverbranntem.

Nachdem 1 cbm Rauchgas 2 g Ruß enthält, sind in 22,4 l 0,045 g davon vorhanden; das sind 0,0038 Grammatome Kohlenstoff. Außerdem sind darin in Form von Kohlensäure 0,1212 Grammatome Kohlenstoff. Vergleichen wir nun diese C-Mengen miteinander, so finden wir, daß die 0,0038 Grammatome gegenüber den 0,1212 Grammatomen 0,38 : 0,1212 = 3,2% sind. Wir schließen daraus, daß zur Bildung des rußhaltigen Rauchgases 100 + 3,2 = 103,2 g Kohle notwendig sind, wenn zur Bildung der gleichen Menge rußfreien Rauchgases 100 g Kohle notwendig wären.

Wir haben nun aber unser ganzes Berechnungssystem auf die Menge von 100 g Kohle aufgebaut und müssen deshalb wieder auf diese Menge zurückgehen. Wir bedenken, daß von 103,2 g Kohle 100 g vollständig verbrennen und 3,2 g ihren Kohlenstoff zur Rußbildung liefern. Von 100 g Kohle verbrennen sonach 100 : 1,032 = 96,9 g Kohle vollkommen und nur 3,1 g dienen der Rußbildung. Solange wir es mit kleinen Zahlen für die Rußmengen zu tun haben — und das ist beinahe immer der Fall —, können wir uns die letzte Division ersparen und einfach subtrahieren. Wir finden in unserem Beispiel, daß von 100 g Kohle 96,8 g vollständig verbrennen und 3,2 g mit ihrem Kohlenstoff für die Rußbildung in Betracht kommen. Der Fehler, den wir dadurch machen, spielt gegenüber denen, welche in den Analysen stecken, kaum je eine Rolle.

In 3,2 g Kohle sind 3,2 × 0,4800 = 1,54 g Kohlenstoff enthalten. Für 100 g Kohle verbrennen sonach 48,00 — 1,54 = 46,46 g Kohlenstoff zu Kohlensäure und 1,92 g disponibler Wasserstoff zu Wasser. Die weitere Lösung der Aufgabe erfolgt nun ähnlich wie in dem Falle, wo Unverbranntes im Rostdurchfall auftritt.

Es soll hier gleich hervorgehoben werden, daß solche Rußmengen, wie wir sie in diesem Beispiel angenommen haben, kaum je vorkommen dürften. Auch wird die Rußbestimmung nur in den seltensten Fällen wirklich durchgeführt, man begnügt sich meist mit einer Schätzung.

76. Der Vollständigkeit halber wollen wir nun noch ein Beispiel durchrechnen, bei welchem der Rostdurchfall Unverbranntes enthält und gleichzeitig in den Rauchgasen erhebliche Mengen Ruß auftreten.

Die Kohle sei dieselbe wie im vorigen Beispiel. Die Analyse des Rostdurchfalles laute:

C	30,2%
Asche	69,8%

In 1 Kubikmeter trockenen Rauchgases seien 0,87 g Ruß gefunden worden. Der CO_2-Gehalt betrage im Mittel 11,9%.

Wir entnehmen der Tabelle 1, Seite 39, daß bei 1% Aschengehalt der Kohle 0,43 g Kohlenstoff in den Rostdurchfall gehen, wenn er die oben gegebene Analyse besitzt. Daraus folgt, daß bei dem Aschengehalt der Kohle von 9,55%

$9,55 \times 0,43 = 4,1$ g C per 100 g Kohle in den Rostdurchfall gehen. In den Rauchgasen finden wir sonach für diese Kohlenmenge $48,00 - 4,10 = 43,90$ g C.

Wir wissen nun, daß per Kubikmeter 0,87 g Ruß oder per 22,4 l Rauchgas $0,87 \times 0,0224 = 0,020$ g Ruß auftreten. Das sind 0,0017 Grammatome C. Außerdem sind in 22,4 l trockenen Rauchgases 0,119 Grammatome C in Form von CO_2 enthalten, denen gegenüber die 0,0017 Grammatome 1,6% vorstellen. Es geht demnach der Kohlenstoff von 1,6 g Kohle, d. i. 0,97 g pro 100 g Kohle, in den Ruß, so daß für die CO_2-bildung nur $43,90 - 0,97 = 42,93$ g übrigbleiben. Die weiteren Berechnungen erfolgen wie in den vorangehenden Kapiteln gezeigt worden ist.

Neben der Rußbildung existiert noch eine andere Art der unvollständigen Verbrennung. Ist Kohlenstoff neben Kohlensäure vorhanden, so tritt bei entsprechend hoher Temperatur eine Reaktion zwischen beiden ein, bei welcher ein neues Gas, das Kohlenoxyd, entsteht. In chemischen Formeln drücken wir diese Veränderung aus durch die Gleichung: $C + CO_2 = 2\,CO$. Sie besagt uns, daß 12 g Kohlenstoff mit 1 Mol Kohlensäure, d. i. 44 g oder 22,4 l, 2 Mole Kohlenoxyd bildet. Da $C = 12$, $0 = 16$, so wissen wir, daß 22,4 l des neuen Gases das Gewicht von 28 g besitzen. Das Kohlenoxyd hat nun die Fähigkeit, mit Sauerstoff zu Kohlensäure zu verbrennen nach der Gleichung $2\,CO + O_2 = 2\,CO_2$ und entwickelt hierbei Wärme. Es ist also ein Brennstoff ebenso wie etwa der Wasserstoff. Nehmen wir deshalb die entwickelte Wärme mit in die Gleichung hinein, so haben wir zu schreiben: $2\,CO + O_2 = 2\,CO_2 + 136,50$. 1 Mol CO liefert demnach bei der Verbrennung 68,25 Kal.

Es enthält aber 12 g C, die bei der Verbrennung 97,2 Kal. liefern würden. Wenden wir nun unseren Satz von dem Anfangs- und Endzustand an, dann können wir sagen: Ich muß immer die gleiche Wärmemenge erhalten, wenn ich von 12 g Kohlenstoff ausgehe und sie zu 1 Mol Kohlensäure verbrenne. Bekannt ist uns, daß bei der direkten Verbrennung 97,2 Kal. entstehen. Weiter wissen wir, daß 1 Mol Kohlenoxyd auch von 12 g Kohlenstoff kommt. Bei seiner Verbrennung erhalten wir auch 1 Mol Kohlensäure, aber nur 68,25 Kal. Es entfallen daher auf die Bildung von 1 Mol CO aus Kohlenstoff und Sauerstoff $97,2 - 68,25 = 28,95$. Es treten nun bei der direkten Verbrennung stets nur kleine Mengen von CO auf. Wir können uns deshalb begnügen, statt der genauen Zahlen einen Näherungswert für die dadurch entstehenden Wärmeverluste anzuführen, um so mehr, als die Bestimmung des Kohlenoxydes in kleinen Mengen mit den technischen üblichen Apparaten verhältnismäßig ungenau ist. Dazu kommt, daß der Gehalt von CO meist stark schwankt, so daß selbst bei genauen Bestimmungen es fraglich erscheint, ob der als Mittel aus mehreren Analysenresultaten bestimmte Wert auch wirklich den Verhältnissen entsprechen wird.

Wir betrachten zunächst den eigentlichen Essenzugverlust in dem Fall, als eine geringe Menge Kohlenoxyd in den Rauchgasen auftritt. Um einzelne Werte dafür zu ermitteln, überlegen wir, daß in 1 Mol Kohlenoxyd ebensoviel Kohlenstoff vorhanden ist, wie in einem Mol Kohlensäure. Addieren wir deshalb die Zahlen für diese beiden Stoffe in der Gasanalyse, so erfahren wir, wieviel Hundertstel Grammatome Kohlenstoff in 22,4 l Rauchgas enthalten sind. Ebenso errechnen wir aus der Kohlenanalyse, wieviel Grammatome Kohlenstoff in 100 g der Kohle enthalten sind. Wir finden dann leicht, welche Mengen trockener Rauchgase aus 100 g Kohle entstehen und bedenken, daß davon alles, mit Ausnahme der Kohlensäure, permanente Gase sind. Die Wassermengen rechnen wir wieder direkt aus der Kohlenanalyse und sind so in der Lage, die Stoffbilanz und damit auch den Essenzugverlust zu ermitteln.

77. Eine Kohle mit der Analyse:

Wasser	25,10%
Kohlenstoff	47,66%
Wasserstoff	3,83%
Sauerstoff	15,93%
Asche	7,44%

ergebe bei der Verbrennung in einem Töpferofen ein Rauchgas mit der Analyse:

Kohlensäure	15,6%
Sauerstoff	0,8%
Kohlenoxyd	1,4%.

Es ist der Essenzugverlust zu berechnen, wenn die Rauchgase eine Temperatur von 450° C besitzen.

22,4 l Rauchgas enthalten 0,17 Grammatome Kohlenstoff. In 100 g Kohle sind enthalten 3,97 Grammatome Kohlenstoff. Diese genügen für die Bildung von 3,972 : 0,17 = 23,36 Molen Rauchgas.

Darin sind nun enthalten:

23,36 × 0,156 Mole	Kohlensäure, d. i.	3,64 Mole	und
23,36 × 0,014 „	Kohlenoxyd, d. i.	0,34 „	
	Summe	3,98 Mole.	

Es verbleiben sonach für

Sauerstoff und Stickstoff . . . . . 19,38 Mole.

Außerdem ergeben 100 g Kohle beim Verbrennen Wasser:

aus Feuchtigkeit	1,40 Mole
aus Wasserstoff	1,92 „
Summe	3,32 Mole.

Errechnen wir nun den Brennwert der Kohle einerseits und die in den oben ausgewiesenen Gasmengen bei 450° C enthaltenen Wärmemengen anderseits, so können wir den reinen Essenzugverlust feststellen. Dazu wäre nun noch der Verlust durch unvollständige Verbrennung zu ermitteln. Wir wissen, daß 1 Mol Kohlenoxyd beim Verbrennen 68,25 Kal. entwickelt. Diese Wärmemenge ist uns sonach für jedes Mol entgangen. Da wir 0,33 Mole Kohlenoxyd per 100 g Kohle erhalten, so beträgt der hierdurch bedingte Verlust 22,31 Kal., und da der untere Heizwert der Kohle 4247 Kal. beträgt, 5,25%.

Sind, wie es gerade beim Töpferofen der Fall ist, viele derartige Resultate abzuleiten, weil der Zustand der Feuerung sich fortwährend ändert — hier durch das stetige Ansteigen der Temperatur —, so würden diese Rechnungen ziemlich umfangreich werden. Nun unterscheidet sich der Essenzugverlust bei Gegenwart von Kohlenoxyd nur unwesentlich von dem, der auftreten würde, wenn das Rauchgas soviel Kohlensäure enthielte, als die Summe von Kohlensäure und Kohlenoxyd der jeweiligen Gasanalyse entspricht. Wir werden uns deshalb die ganze Rechnung ersparen und den Essenzugverlust in Prozenten direkt dem Diagramm entnehmen, wobei wir jedoch die Prozentzahl für Kohlenoxyd zu der für Kohlensäure hinzuzuschlagen haben. Für den durch das Auftreten von Kohlenoxyd außerdem verursachten

Verlust wählen wir eine sehr abgekürzte aber genügend genaue Schätzungsmethode. Tabelle 4 gibt die Zusammen-

Tabelle 4.

Luftmenge	0,90				0,92				0,94			
% CO	4,60	4,10	3,77	3,43	3,58	3,23	2,95	2,71	2,64	2,39	2,18	2,00
% O_2	0,00	2,05	3,73	5,14	0,00	2,02	3,68	5,07	0,00	1,99	3,64	5,01

Luftmenge	0,96				0,98			
% CO	1,73	1,57	1,43	1,32	0,85	0,77	0,71	0,65
% O_2	0,00	1,96	3,40	4,95	0,00	1,93	3,53	4,89

setzung der Rauchgase für den Fall, als die Kohle mit 0,90, 0,92 . . . 1,00 mal soviel Luft verbrannt würde, als theoretisch zur vollkommenen Verbrennung notwendig wäre. Wir schätzen nun aus der Gasanalyse auf Grund des Kohlenoxyd- und Sauerstoffgehaltes ab, welche Art der Verbrennung etwa vorliegt. Dabei dürfen wir freilich nicht ängstlich sein und uns zunächst an die Zahl für Kohlenoxyd halten. Denn wir werden nur in wenigen Fällen eine Übereinstimmung unserer Daten mit denen des Diagrammes in bezug auf Kohlenoxyd und Sauerstoff finden. Immerhin wird der Sauerstoffgehalt unsere Schätzung beeinflussen. Für unser Beispiel schätzen wir etwa 0,97. Wir subtrahieren nun diese Zahl von 1 und finden 0,03. Diese Differenz multiplizieren wir mit einem Faktor, der von dem *m* der Kohle abhängt:

m	Faktor
0,00 bis 0,02	140
0,02 „ 0,06	160
0,06 „ 0,08	170
0,08 „ 0,10	180.

Das so gewonnene Produkt gibt uns den durch die unvollkommene Verbrennung entstandenen Verlust in Prozenten. Wir finden in unserem Fall, da *m* 0,04 : 0,03 × 160, d. i. 4,8%. Die Genauigkeit ist eine genügende.

Generatorgas.

Das Generatorgas entsteht bei der unvollständigen Verbrennung von Brennstoffen. Man bläst oder saugt bei der Erzeugung desselben Luft durch eine in geeigneter Weise gelagerte, übermäßig hohe Brennstoffschicht hindurch, welche vorerst in Brand gesteckt worden ist. Fig. 22 u. 23 geben zwei typische Formen von Gasgeneratoren wieder, also Apparaten, die zur Erzeugung von Generatorgas dienen. Das Schicksal des Brennstoffes ist in beiden Apparaten das gleiche. Das frisch chargierte Material kommt in einen Raum, der durch den aufsteigenden warmen Gasstrom auf eine höhere Temperatur gebracht ist. Dadurch wird es zunächst getrocknet. Das dabei entweichende Wasser mischt sich dem Gase bei. Beim weiteren Erhitzen tritt nun eine trokkene Destillation des Brennstoffs ein, welche Anlaß ist zur Bildung von Wasserstoff, Wasserdampf, Kohlensäure, Methan, schweren Kohlenwasserstoffen und Teer. Auch diese Produkte gehen in den Gasstrom über und beeinflussen wesentlich die Zusammensetzung des erzeugten Gases. Sie erscheinen als besondere Eigentümlichkeit des

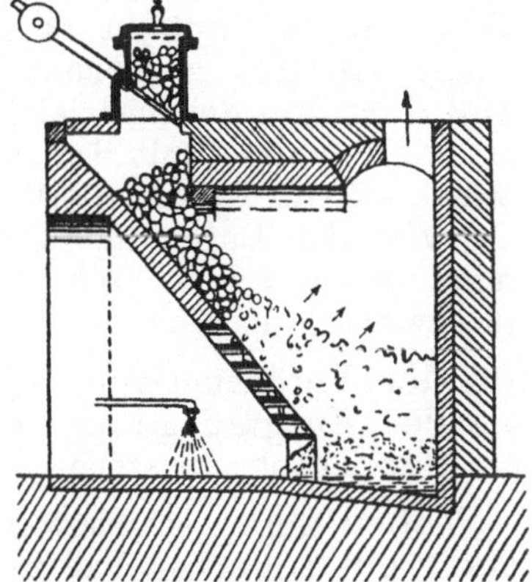

Fig. 22.

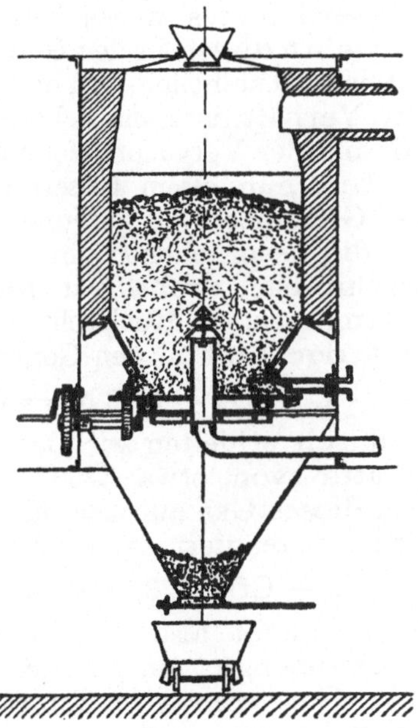

Fig. 23.

jeweils vorliegenden Brennstoffs, und wir können ihre Mengen nicht ändern. Rutscht nun das verkokte Material immer weiter abwärts, so kommt es schließlich vor den Rost und wird dort von der Luft getroffen. Es bildet sich Kohlensäure, die hoch erhitzt, mit dem vorgewärmten Koks der nächsten Schichten in Reaktion tritt und damit Kohlenoxyd bildet. Der von der Luft mitgeführte Stickstoff passiert den Generator unverändert. Wir werden demnach im Generatorgas zu erwarten haben:

aus der Vergasungszone CO, N_2, CO_2;
aus der Entgasungszone H_2, H_2O, CO_2, CH_4, C_2H_4, Teer;
aus der Trocknungszone H_2O (Kohlenstaub).

Neben den geschilderten Vorgängen wird sich aber auch in diesem einfachen Fall noch eine Reaktion zwischen dem von der Luft mitgebrachten Wasserdampf und dem hoch erhitzten Kohlenstoff abspielen. Unter den natürlichen Verhältnissen hat sie freilich der kleinen Mengen des eingeführten Wasserdampfes wegen keine große Bedeutung. Aber man vermehrt diesen in den Generator eintretenden Wasserdampf oftmals absichtlich, und er spielt dann eine für die Beurteilung der Verhältnisse maßgebende Rolle. In diesem Fall haben wir aus der Vergasungszone zu erwarten: ... CO, N_2, H_2, CO_2.

Um nun einen besseren Einblick in die Wirkungsweise des Generators zu gewinnen, wollen wir, soweit das möglich ist, die besprochenen Vorgänge durch chemische Gleichungen beschreiben, wobei wir gleichzeitig auf die auftretenden Wärmemengen Rücksicht nehmen. Unmittelbar beim Eintritt der Luft in den Generator findet die Gleichung statt:

$$C + O_2 + 3{,}78\,N_2 = CO_2 + 3{,}78\,N_2 + 97{,}2\text{ Kal.} \qquad (1)$$

Dadurch erhielten wir also ein Gasgemenge, das eine Temperatur von etwa 2300° C, vgl. Seite 76, hätte. Trifft nun dieses Gas auf neue Koksmengen, die schon vorgewärmt sind, so reagiert es mit diesen nach der Gleichung:

$$C + CO_2 + 3{,}78\,N_2 = 2\,CO + 3{,}78\,N_2 - 39{,}3\text{ Kal.} \qquad (2)$$

Es verbleibt also nach Ablauf beider Reaktionen nur die Wärmemenge von 57,9 Kal. in dem Gas. Diese würde dem Gasstrom eine Temperatur von nahezu 1400° C erteilen, wenn vom Augenblick des Eintrittes der Luft an keinerlei Wärmeverluste stattgefunden hätten.

Nachdem bei Generatoren, die mit Koks betrieben werden, von einer Trocknung und Entgasung nicht gesprochen werden kann, so haben wir diesen einfachsten Fall der Generatorgaserzeugung in den Gleichungen 1 und 2 vollkommen beschrieben.

Wir erkennen zunächst, daß ein Generatorgas von der theoretischen Zusammensetzung 34,6% CO enthält. Diese Zahl wird man praktisch nie erreichen, weil immer da und dort eine vollkommene Durchführung der Gleichung (2) ausbleibt. Immerhin wird man bei Anwendung von verkoktem Brennstoff auf einen Gehalt von mehr als 30% CO und etwa die Hälfte des auf 34,6 fehlenden auf % CO_2 rechnen können.

Um den Einfluß verschiedener Betriebsverhältnisse leichter zu erkennen, sind in den folgenden Tabellen einige Daten zusammengestellt.

Tabelle 5.

Gasanalysen			Verbr.-W. pro 22,4 l Gas	G.-At. C pro 22,4 l Gas	Verbr.-Wärme dieses C
% CO_2	% CO	% N_2			
0	34,6	65,4	23,75	0,346	33,83
1	33,1	65,9	22,62	0,341	33,19
2	31,5	66,5	21,48	0,335	32,55
3	29,8	67,2	20,35	0,328	31,90
4	28,2	67,8	19,22	0,322	31,26
5	26,5	68,5	18,09	0,315	30,62
6	24,8	69,2	16,95	0,308	29,98
7	23,2	69,8	15,82	0,302	29,34
8	21,5	70,5	14,70	0,295	28,69
9	19,9	71,1	13,55	0,289	28,05
10	18,2	71,8	12,42	0,282	27,41

Wir machen nun die Annahme, daß der Wärmeinhalt von 12 g Kohlenstoff = 1 Grammatom beträgt:

bei 800° C . . . . . . 3,156 Kal.
„ 1000° C . . . . . . 4,271 „
„ 1200° C . . . . . . 5,523 „
„ 1400° C . . . . . . 6,810 „

und errechnen so folgende Tabelle.

Tabelle 6.

G-At. C	enthalten Kalorien bei			
	800° C	1000° C	1200° C	1400° C
0,346	1,098	1,486	1,922	2,370
0,341	1,077	1,458	1,886	2,325
0,335	1,057	1,432	1,849	2,280
0,328	1,036	1,402	1,813	2,236
0,322	1,015	1,374	1,776	2,191
0,315	0,994	1,345	1,740	2,146
0,308	0,974	1,317	1,703	2,101
0,302	0,952	1,289	1,667	2,057
0,295	0,932	1,261	1,630	2,012
0,289	0,911	1,233	1,594	1,967
0,282	0,890	1,204	1,557	1,922

Tabelle 7.

	22,4 l des Gases mit			
% CO_2	enthalten Kalorien bei			
	800° C	1000° C	1200° C	1400° C
0	5,61	7,12	8,67	10,26
1	5,64	7,16	8,72	10,32
2	5,66	7,20	8,77	10,39
3	5,69	7,24	8,83	10,45
4	5,73	7,28	8,88	10,52
5	5,76	7,33	8,93	10,58
6	5,80	7,37	8,99	10,64
7	5,83	7,41	9,04	10,71
8	5,86	7,45	9,09	10,77
9	5,89	7,49	9,15	10,84
10	5,92	7,54	9,20	10,90

Eine weitere Tabelle, die vielfacher Anwendung fähig ist, erhalten wir, indem wir die Summe des Wärmewertes des Kohlenstoffs und seines bei bestimmten Temperaturen berechneten Wärmeinhaltes aus den vorstehenden Zahlen ermitteln und dieser die Summe des Wärmewertes des entstehenden Gases und seines Wärmeinhalts gegenüberstellen.

Bilden wir nun die entsprechenden Differenzen, so geben diese uns den Überschuß der Wärme an, der verbleibt, wenn

Tabelle 8.

% CO_2	Summe des Wärmewertes des C und seines Wärmeinhaltes bei				Summe des Wärmewertes des Gases und seines Wärmeinhaltes			
	800°	1000°	1200°	1400°	800°	1000°	1200°	1400°
0	34,93	35,32	35,75	36,20	29,36	30,87	32,42	34,01
1	34,27	34,65	35,08	35,52	28,26	29,78	31,34	32,94
2	33,61	33,98	34,40	34,83	27,16	28,69	30,25	31,87
3	32,94	33,31	33,71	34,14	26,05	27,60	29,18	30,80
4	32,28	32,64	33,04	33,45	24,95	26,51	28,10	29,74
5	31,61	31,96	32,36	32,77	23,85	25,41	27,02	28,67
6	30,95	31,29	31,68	32,08	22,75	24,32	25,94	27,59
7	30,29	30,62	31,01	31,40	21,65	23,23	24,86	26,53
8	29,62	29,95	30,32	30,70	20,54	22,14	23,79	25,47
9	28,96	29,28	29,64	30,02	19,44	21,05	22,70	24,39
10	28,30	28,61	28,97	29,33	18,34	19,96	21,62	23,32

wir vorgewärmten Kohlenstoff bei einer bestimmten Temperatur vergasen und das entstandene Gas bei derselben Temperatur fortnehmen.

Tabelle 9.

% CO_2	800° C	1000° C	1200° C	1400° C
0	5,57	4,45	3,33	2,19
1	6,01	4,87	3,74	2,58
2	6,45	5,29	4,15	2,96
3	6,89	5,71	4,53	3,34
4	7,33	6,13	4,94	3,71
5	7,76	6,45	5,34	4,10
6	8,20	6,97	5,74	4,49
7	8,64	7,39	6,15	4,87
8	9,08	7,81	6,53	5,23
9	9,52	8,23	6,94	5,63
10	9,96	8,65	7,35	6,01

Wir erhalten nun recht genaue Aufschlüsse über die Wirkungsweise des Generators, wenn wir uns quer durch den Luft- resp. Gasstrom Flächen gelegt denken. Die erste legen wir unmittelbar unter die Rostfläche, die zweite dort durch die Brennstoffschichte, wo sich die Zusammensetzung des Gases nicht mehr ändert, wo also insbesonders keine Umwandlung der Kohlensäure in Kohlenoxyd mehr stattfindet, die dritte endlich am Austritt der Gase aus dem Generator.

Durch die erste Fläche tritt dann nach außen nur die Asche, dieser etwa beigemengter Kohlenstoff und die an der Rostfläche durch Strahlung und Leitung verloren gehende Wärme. In den Generator tritt durch diese Fläche Luft ein und etwa ihr beigemengter Wasserdampf, welche Stoffe auch einen gewissen Wärmewert vorstellen. Durch die zweite der gedachten Flächen treten ein: Koks, der auf die dort herrschende Temperatur vorgewärmt ist, und somit im Wärmewert der Summe seines Wärmeinhaltes und seiner Verbrennungswärme gleichkommt, eine Zahl, die wir aus der Tabelle entnehmen können. Durch diese Fläche tritt das Gas aus, das im Wärmewert wieder seiner Verbrennungswärme vermehrt um seinen Wärmeinhalt gleichkommt. Wir ersehen daraus, daß die in der Tabelle angegebenen Differenzen jene Wärmemengen vorstellen, die unterhalb dieser zweiten Fläche verbleiben. Würden sie von dort nicht abgeführt werden, so müßten sie sich dort sammeln und die Temperatur des Vergasungsraumes erhöhen. Bleibt aber diese konstant, so ist uns das ein Zeichen, daß diese Wärmemengen tatsächlich irgendwo verloren gehen müssen, und da sie nach oben hin, der Voraussetzung nach, nicht austreten, so bleibt ihnen nur der Weg durch die unter dem Rost gedachte Fläche und die Wände des Gaserzeugers. Sie stellen also die Wärmeverluste der Vergasungszone vor. Zwischen der zweiten und dritten der gedachten Flächen ist ein Raum, in welchen das Gas mit seinem Wärmewert von unten eintritt, wobei dieser Wärmewert gleich ist dem früher errechneten, und dem aus der Vergasungszone austretenden bereits betrachteten Wärmewert. Außer diesem Gas tritt aber auch der frische Brennstoff in diesen Raum ein, und ist deshalb mit seinem Brennwert in Rechnung zu setzen. Aus dem Raum tritt das Gas aus, dessen Temperatur nun eine niedrigere sein wird wie bei seinem Eintritt, weshalb ihm auch ein anderer Wärmewert zukommt und der vorgewärmte Koks, dessen Wärmewert wir schon früher ermittelt haben. Auch hier wird die auftretende Differenz uns über Verluste belehren.

Wir wollen uns zunächst nur mit der Betrachtung der Verhältnisse beschäftigen, welche für die Vergasungszone in Betracht kommen. Da spielt die Temperatur eine Hauptrolle. Wir haben schon gesehen, daß diese Temperatur dadurch gegeben ist, daß bei ihr die Verluste durch Leitung und Strahlung gleich sein müssen dem Überschuß an produzierter Wärme, wie ihn Tabelle 9 angibt. Die Temperatur der Vergasungszone stellt sich also ohne unser Zutun automatisch ein. Das kann uns aber nicht immer erwünscht sein. Denn es gibt viele Brennstoffe, deren Koks einmal auf eine zu hohe Temperatur erhitzt, nicht mehr vergasbar ist, weil die Schlackenbestandteile dann geschmolzen worden sind und den Koks so durchtränkt haben, daß die Luft und die Kohlensäure nicht mehr Zutritt zum Kohlenstoff finden. Es ist demnach für jeden Brennstoff eine höchste Temperatur vorhanden, über welche wir seinen Koks nicht erhitzen dürfen, ohne daß wir Gefahr laufen, größere Mengen unvergasten Kohlenstoffs in die Asche zu bringen. Wir haben deshalb darauf zu achten, daß die Vergasungszone entsprechende Wärmeverluste erleidet. Wenn, wie beim Siemensgenerator, die Hauptmenge der Wärmeverluste durch die frei ausstrahlende Rostfläche bedingt ist, kommen wir dadurch zu folgenden Überlegungen. Die Rostfläche und der unmittelbar darüber befindliche hoch erhitzte Koks verlieren durch Strahlung in der Stunde eine gewisse Anzahl von Kalorien, wenn die Temperatur der Vergasungszone eine bestimmte ist. Steigt nun diese Temperatur, so wird auch der Verlust durch Strahlung größer. Es fällt aber nach den Tabellen die zur Deckung dieser Verluste zur Verfügung stehende Wärmemenge. Daraus folgt, daß sich bald wieder ein Punkt finden wird, bei welchem die Verluste gerade durch die überschüssige Wärme wettgemacht werden, daß also die Temperatur der Vergasungszone sich automatisch nach den jeweils zur Verfügung stehenden Wärmemengen einstellt. Belasten wir einen Generator stärker, so vergasen wir in ihm mehr Brennstoff in der Stunde, produzieren also in der Vergasungszone eine größere Wärmemenge. Diese antwortet darauf mit einer Erhöhung der Temperatur. Hierdurch wird aber auch ein stündlicher größerer Strahlungsverlust hervorgerufen, so daß der Generator bald wieder ins Gleichgewicht kommt, wenngleich jetzt seine Temperatur eine höhere sein wird. Die Rücksicht auf die Beschaffenheit der Asche bzw. des Rostdurchfalles zwingt uns die Temperatur zu erniedrigen. Andrerseits zeigt jedoch die Tabelle, daß die notwendigen Wärmeverluste der Vergasungszone mit steigender Temperatur sinken. Wir werden also keinesfalls eine zu niedrige

Temperatur wählen dürfen. Daraus ersehen wir aber auch, daß ein Gaserzeuger, der vielleicht bei einer Kohle ein ausgezeichnetes Resultat ergibt, mit einer anderen Kohle recht unökonomisch arbeiten kann.

Wir wollen nun den Einfluß einer Reihe von Betriebsarten des Generators auf die Wirtschaftlichkeit untersuchen. Wir gehen dabei beiderseits über die im normalen Betrieb vorkommenden Daten hinaus, teils weil dadurch die Einflüsse deutlicher gemacht werden, teils weil unter besonderen Umständen auch diese äußersten Fälle möglich sind.

Der Kohlensäuregehalt des aus der Vergasungszone ausströmenden Gases kann steigen, und zwar: wenn wir eine backende Kohle chargieren, so daß Kanäle entstehen, in denen die Reduktion der Kohlensäure nur unvollständig vor sich geht; wenn durch Bildung von größeren Klumpen, die nicht dem Backvermögen der Kohle, sondern dem Zusammensintern der Schlacke ihre Entstehung verdanken, ähnliche Zustände eintreten; wenn die Vergasungszone zu kurz ist, was entweder durch eine zu geringe Schütthöhe oder aber auch durch eine zu starke Abkühlung des oberen Teiles des Gaserzeugers bewirkt werden kann. Dieser Einfluß läßt sich aus den oben stehenden Tabellen leicht errechnen und ist in Prozenten der in den Generator in Form von Koks gebrachten Wärme:

Prozente CO_2	0% CO_2	1% CO_2	2% CO_2	3% CO_2	4% CO_2	5% CO_2
In der Verbrennungswärme des Gases . .	70,2	68,2	66,0	63,8	61,5	59,1
Im Wärmeinhalt des Gases bei 800 ° C .	16,6	17,0	17,4	17,9	18,3	18,8
Summe	86,8	85,2	8 ,4	81,7	79,8	77,9

Wir ersehen daraus, daß bei Verwendung von verkoktem Brennstoff der Nutzeffekt des Generators um etwa 2% abnimmt, wenn der CO_2-Gehalt um 1% steigt. Dabei verringert sich die Verbrennungswärme des Gases um 2,4%, ein Verlust, der durch die Zunahme des Wärmeinhaltes des Gases teilweise wieder ausgeglichen wird. Wir haben aber gar keinen Grund, uns über diesen Ausgleich besonders zu freuen, weil in allen den Fällen, wo der Generator nicht unmittelbar an den Ofen angebaut ist, hierdurch nur die Verluste in der Gasleitung steigen und sich andere Betriebsschwierigkeiten ergeben.

Die bisherigen Betrachtungen lassen uns auch vermuten, daß der Schachtgenerator für die Gaserzeugung nur mit Luft in den wenigsten Fällen gute Resultate aufzuweisen haben wird. Denn bei ihm sind die Wärmeverluste der Vergasungszone wesentlich vermindert, so daß von vornherein eine sehr hohe Temperatur derselben zu erwarten ist, welche zur Bildung von geschmolzenen und schwer entfernbaren Schlacken und zur Bildung eines kohlenstoffreichen Rostdurchfalls führen muß. Die Temperatur der Vergasungszone wurde denn auch bei einem solchen Generator zu 1400° C ermittelt (Wendt, Untersuchungen an Gaserzeugern).

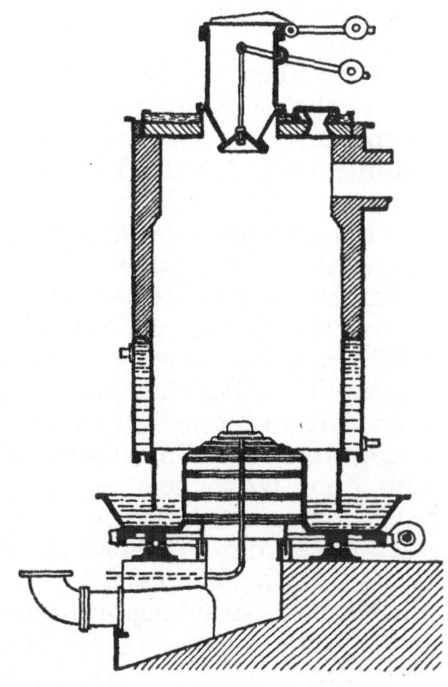

Fig. 24.

Um nun diese notwendigen Wärmeverluste herbeizuführen, hat man bei manchen Schachtgeneratoren Kühlringe bzw. Kühlmäntel eingebaut (Fig. 24). Diese nehmen je nach ihrer wirksamen Oberfläche und der Temperatur verschiedene Wärmemengen auf und regulieren so die Temperatur der Vergasungszone. Wo das dabei gewonnene warme Wasser einer entsprechenden Verwendung zugeführt werden kann, wie z. B. in Betrieben mit größeren Dampfkesselanlagen, ist auch diese an das Wasser abgegebene Wärmemenge nicht verloren. Wo aber derartige Verhältnisse nicht vorliegen, wie etwa in vielen Glashütten, in denen der Kraftbedarf gering, der Gasverbrauch aber hoch ist, da bedeutet die Wasserkühlung keinen Erfolg.

Wir haben bisher nur die Abhängigkeit der Temperatur

der Vergasungszone vom Brennstoff in Betracht gezogen. Diese Frage ist aber auch vom Standpunkt des chemischen Gleichgewichts zu betrachten. Die Reaktion $CO_2 + C = 2\,CO$ ist umkehrbar. Bei Temperaturen von etwa 400 bis 600° C verwandelt sich CO langsam in C und CO_2. Bei Temperaturen oberhalb 850° C bildet sich aus CO_2 und C beinahe quantitativ CO. Bei den zwischen 600 und 850° C liegenden Temperaturen erhalten wir bei der Einwirkung von CO_2 auf C stets ein Gemisch von CO und CO_2, dessen prozentuelle Zusammensetzung von der Temperatur und dem Druck abhängt.

Wir haben bisher nur von Gaserzeugern gesprochen, die mit verkoktem Brennstoff betrieben werden. Gewöhnlich nimmt man jedoch unverkokten Brennstoff, also Stein- oder Braunkohle. Auf die Vergasungszone wirkt dieser Umstand insofern ein, als dadurch die Abkühlung im oberen Teil des Generators eine wesentlich größere ist, und wir deshalb auch mit einem Wärmeverlust nach oben hin bzw. mit einer Verkürzung der Vergasungszone zu rechnen haben werden, einer Verkürzung, die um so fühlbarer wird, je größer die Abkühlung im oberen Teil des Generators ist. Unsere früher angestellten Rechnungen aber behalten volle Gültigkeit, wenn wir unter dem dort ausgerechneten C nur den Kokskohlenstoff des Brennmateriales verstehen. Enthält demnach eine Kohle nur 50% Kokskohlenstoff, so werden wir bedenken müssen, daß bei gleicher in der Zeiteinheit durchgesetzter Menge gegenüber dem Koksgenerator nur die Hälfte des C in die Vergasungszone eintritt, daß also, wenn die stündlichen Strahlungsverluste die gleichen bleiben würden, pro Gramm C nun die Strahlungsverluste der Vergasungszone die doppelten wären. Wir finden so, daß in der Vergasungszone ein mit natürlichem Brennstoff betriebener Gaserzeuger einem geringer belasteten Koksgenerator gleich zu halten ist. Wir können daraus schließen, daß für Brennstoffe mit wenig Kokskohlenstoff eine Generatortype günstig ist, die bei Kohlen mit hohem Gehalt an fixem C nicht entsprechen kann.

Wir gehen nun über zur Betrachtung des Raumes, der sich zwischen dem zweiten und dritten Schnitt befindet. In diesen Raum tritt ein die kalte Kohle bzw. der kalte Koks. Weiter tritt ein das heiße Gas aus der Vergasungszone, das mit seiner Eigenwärme und seiner Verbrennungswärme in

Rechnung zu stellen ist. Aus dem Raum tritt aus das etwas abgekühlte Gas und der vorgewärmte Koks bzw. der verkokte Brennstoff. Wird der Generator nur mit Koks betrieben, so ist im oberen Teil des Generators nur auf die Erwärmung des Kohlenstoffs Rücksicht zu nehmen. Die Tabelle 6 gibt die dazu gehörigen Wärmemengen an. Aus ihr und der Tabelle 7 können wir sofort ersehen, inwieweit die zur Vorwärmung des C verbrauchte Wärme für die Abkühlung des Gases im oberen Teil des Generators verantwortlich zu machen ist. Nun ist in Wirklichkeit nie ganz reiner Kohlenstoff gegeben, neben ihm ist im Koks und in der Kohle stets Asche, Wasser und eine gewisse Menge flüchtiger Stoffe. Den Wärmewert der Asche können wir nie genau in Rechnung setzen. Wohl aber werden wir der Wahrheit nahe kommen, wenn wir hierfür den Betrag einsetzen, der sich für das gleiche Gewicht Kohlenstoff ergeben würde. Es kann eingewendet werden, daß wir diese der Asche entsprechende Wärmemenge bei der Betrachtung der Vergasungszone nicht in Rechnung gezogen haben. Diese Asche verläßt bei vielen Konstruktionen von Gaserzeugern die Verbrennungszone mit annähernd der gleichen Temperatur, mit der sie in diese Zone eintritt, und ist dann wirklich nicht zu berücksichtigen. Bei anderen Konstruktionen freilich ist sie in Rechnung zu ziehen, oftmals aber auch nicht mit ihrem ganzen Wärmeinhalt.

Wir wollen nun die Verhältnisse betrachten, die sich ergeben würden, wenn ein Gaserzeuger mit Koks betrieben würde, und auf eine bestimmte Menge Kokskohlenstoff immer eine bestimmte Menge Wasser mit in den Generator gebracht würde. Dabei müssen wir aber über die in diesem Falle tatsächlich möglichen Grenzen weit hinausgehen. Denn wir können fertig gebildeten Koks nur mit einer sehr beschränkten Menge Wasser belasten. Es gibt aber eine Reihe von natürlichen Brennstoffen, die ziemlich viel Wasser enthalten, dabei aber wenig Kokskohlenstoff geben. Unsere Betrachtungen sollen uns aber bei der Beurteilung des Ganges des Generators, der mit solchen Brennstoffen gespeist wird, leiten. So müssen wir denn zu Annahmen schreiten, welche tatsächlich nicht realisierbar sind.

Die zur Verdampfung des mit dem Brennstoff in den Generator gebrachten Wassermenge notwendige Wärme wird aus dem Wärmeinhalt des Gases entnommen. Wir setzen die zur Verdampfung von 1 g Wasser notwendige Wärmemenge gleich 0,600 Kal. Wir wählen ein Beispiel.

Eine Kohle habe 25% Feuchtigkeit und gebe 50% Koksausbeute. Diese Verhältnisse treffen bei Braunkohlen zu. Das in der Vergasungszone gebildete Gas enthalte 1% Kohlensäure. Nach unseren Tabellen brauchen wir für die Erzeugung von 22,4 l dieses Gases 0,34 Grammatome Kohlenstoff oder 4,09 g, welche aus 8,18 g Kohle stammen. In diesen 8,18 g Kohle sind 2,04 g Wasser enthalten. Verlassen nun die Gase die Vergasungszone mit einer Temperatur von 1000° C, so enthalten sie 7,12 Kal. als fühlbare Wärme.

Aus diesen 7,12 Kal. sind zu bestreiten:

die Verdampfungswärme für 2,04 g Wasser mit	1,22 Kal.
und die Vorwärmung von 0,341 Grammatomen Kohlenstoff mit	1,44 „
	2,66 Kal.

so daß für den Wärmeinhalt des Gasgemenges verbleiben 4,46 Kal.

Wir können die Zahlen dieses Beispiel auch verwenden, um die Temperatur zu finden, welche ohne die Anwesenheit des Wassers sich ergeben hätte.

Aus den 7,12 Kal. wäre dann nur die Wärme für die Vorwärmung des Kohlenstoffes zu bestreiten, so daß 5,64 Kal. im Gas verbleiben würden.

Es enthalten nun nach der Tabelle 7 die Gase gerade bei 800° C 5,64 Kal., so daß sich für diesen Fall die Temperatur zu 800° C ergibt.

Außer der Verdampfung des Wassers tritt aber bei allen mit natürlichen Brennstoffen betriebenen Generatoren in diesem oberen Teil noch eine Entgasung des Brennstoffes ein, die auch mehr oder weniger Wärme verbraucht. Sie läßt sich nicht allgemein in Rechnung ziehen, und wir beschränken uns hier auf die Bemerkung, daß diese Entgasung nicht so sehr wie die Verdampfung des Wassers einen großen Betrag an Wärme bindet, daß sie aber dadurch sehr energisch abkühlend wirkt, daß bei ihr neue Gasmengen entstehen, in denen erhebliche Mengen von Eigenwärme aufgespeichert sind.

Bleiben wir bei dem oben betrachteten Beispiel und nehmen wir der Einfachheit halber an, daß die 25%, welche nach der Annahme flüchtige Stoffe sind, sich teilen in 16% Wasser, 3% Wasserstoff, 3% Teer und 3% Kohlenwasserstoffe. Selbst wenn nun die Entstehung dieser Stoffe keine Wärme verbrauchen würde, so würde ihre Eigenwärme aus den oben ausgeworfenen 4,46 Kal. bestritten werden müssen. Daraus sieht man sofort, daß die Gastemperatur nun noch wesentlich fällt, und sie ist denn auch bei Braunkohlengeneratoren meist zwischen 100 und 200°, während sie bei Steinkohlengeneratoren wesentlich höher liegt.

Wir haben bisher nur davon gesprochen, daß die Vergasungszone Wärmeverluste durch Leitung und Strahlung erfährt. Da die Regulierung dieser Verluste aber eine der wichtigsten Aufgaben im Generatorenbetrieb ist, so werden wir uns nach Mitteln umsehen müssen, um diese durchzuführen. Einige haben wir schon früher erwähnt. Das wichtigste ist das Einblasen von Wasserdampf in die Vergasungszone, also mit dem Luftstrom.

Trifft Wasserdampf bei hoher Temperatur mit Kohlenstoff zusammen, so bildet sich mit großer Geschwindigkeit ein Gleichgewichtszustand heraus, in dem die Stoffe Kohlensäure, Kohlenoxyd und Wasserstoff gebildet werden. Bei niedrigeren Temperaturen geht die Gleichung

$$C + 2\,H_2O = CO_2 + 2\,H_2$$

vor sich, d. h. die Kohlenoxydbildung wird ganz unterdrückt. Bei Temperaturen über 1000° C aber unterbleibt die Kohlensäurebildung fast völlig, so daß wir schreiben können:

$$C + H_2O = CO + H_2\,.$$

Bei Temperaturen unterhalb 1000° C gehen beide Reaktionen gleichzeitig vor sich, und zwar, daß die Mengen von Kohlensäure und Kohlenoxydgas von der Temperatur abhängen.

Vom Standpunkt der dabei ins Spiel tretenden Wärmemengen sind diese Gleichungen zu schreiben:

$$C + 2\,H_2O = CO_2 + 2\,H_2 - 18{,}8\ \text{Kal.}$$
$$C + H_2O = CO + H_2 - 18{,}7\ \text{Kal.},$$

wobei angenommen ist, daß das Wasser von vornherein in Dampfform gegeben ist. Solange die Temperatur der

Vergasungszone mindestens 1000° bleibt und diese Zone eine entsprechende Dicke hat, können wir mit der zweiten Gleichung allein rechnen. Es darf nicht übersehen werden, daß mit den obigen Gleichungen nicht schablonenhaft umgegangen werden darf, wenn man nicht ein verzerrtes Bild der Vorgänge im Generator erhalten soll. Bei manchen Systemen wird flüssiges Wasser dem Generator zugeführt. Dies geschieht z. B. durch einen unter dem Rost liegenden Sumpf, der einen Teil der ausgestrahlten Wärme aufnimmt, zur Verdampfung verwendet und den Dampf und damit die Wärme dem Generator zuführt. Ähnlich verhält es sich bei anderen Typen, die am unteren Ende des Generators einen Wasserverschluß besitzen, und bei welchen teils die in die Tasse fallenden Schlacken, teils die vom Rost ausgestrahlte Wärme die Verdampfung des Wassers bestreiten. In anderen Fällen jedoch wird Wasserdampf, der außerhalb des Generators erzeugt werden muß, in diesen eingeblasen. In diesen Fällen erscheint es richtiger, die dem Generator zugeführte Wärme in Rechnung zu stellen. Es wird deshalb im folgenden, soweit es sich um Vorgänge innerhalb des Generators handelt, stets mit dem unteren Heizwert gerechnet und demzufolge auch die mit Wasserdampf dem Generator zugeführte Wärmemenge in die Rechnung eingestellt.

Wir errechnen nun eine Tabelle unter der Annahme, daß die Temperatur der Vergasungszone 1000° C sei, und der Luft steigende Mengen Wasserdampf beigemengt werden, und zwar so, daß die Wasserdampfmenge 0,1, 0,2, . . . 0,5 Mole pro Mol Sauerstoff beträgt.

Tabelle 10.

Nr.	22,4 l Gas enthalten:				Wärmewert des C:		Wärmewert d. H_2O dampfes
	g-at C	Mol. CO	Mol. N_2	Mol. H_2	Verbrennungswärme	Eigenwärme	
0	0,346	0,346	0,654	0,000	33,83	1,49	0,00
1	0,351	0,351	0,632	0,017	34,12	1,50	0,18
2	0,356	0,356	0,612	0,032	34,60	1,52	0,35
3	0,361	0,361	0,593	0,047	35,08	1,54	0,51
4	0,365	0,365	0,575	0,061	35,48	1,56	0,65
5	0,369	0,369	0,558	0,074	35,86	1,58	0,80
6	0,372	0,372	0,542	0,086	36,15	1,60	0,91

Tabelle 11.

Nr.	Verbrennungswärme		Eigenwärme bei 1000°	Summe der Wärmen		Differenz
	H_2	CO		zugeführt	abgeführt	
0	0,00	23,61	7,12	35,32	30,73	4,55
1	1,17	23,95	7,12	35,80	32,34	3,46
2	2,20	24,30	7,12	36,47	33,62	2,85
3	3,23	24,64	7,12	37,13	34,99	2,16
4	4,20	24,91	7,12	37,69	36,23	1,46
5	5,09	25,18	7,12	38,24	37,60	0,64
6	5,92	25,39	7,12	38,66	38,43	0,23

Wir ersehen daraus, daß die Wärmeproduktion in der Vergasungszone durch den Zusatz von Wasserdampf ganz erheblich abnimmt und bei Nr. 6 schon so klein wird, daß ein weiterer Zusatz die Temperatur unter 1000 ° C herabdrücken würde. Das darf aber nicht geschehen, weil sonst die Bildung von Kohlensäure einen erheblichen Umfang annehmen würde. Aus der Tabelle ersehen wir nach Umrechnung der Mole in Gramm, daß der Fall 6 einer Menge von 1,54 g Wasserdampf auf 4,46 g Kokskohlenstoff entspricht, also etwa 30 kg Dampf pro 100 kg Kokskohlenstoff. Diese Grenze sollte nie überschritten werden. Es wird deshalb bei solchen Konstruktionen, bei welchen der Dampf mittels Injektor die Luftbewegung erzielt, darauf Rücksicht zu nehmen sein. Es muß aber hier gesagt werden, daß in diesem Punkt oftmals schlecht gearbeitet wird, so daß man Generatorgase mit recht erheblichen Kohlensäuregehalten erzielt. Allerdings spielt dabei auch die Besonderheit des Brennstoffs eine wesentliche Rolle, so daß man nicht immer, besonders bei Braunkohlen und Ligniten zu einem idealen Generatorgas gelangen kann.

Es ist hier auch der Ort, um einer weit verbreiteten irrigen Meinung bezüglich des Wertes des Wasserstoffs entgegenzutreten. Da 1 Mol Wasserdampf nur 2 g wiegt und die Verbrennungswärme dieses Mols 58 Kal. beträgt, so ergibt sich für 1 g Wasserstoff der hohe Brennwert von 29 Kal. Vergleichen wir damit den Kohlenstoff und das Kohlenoxydgas, so finden wir die entsprechenden Zahlen zu 8,1 und 2,44 Kal. für je 1 g dieser Stoffe. Das erscheint allerdings niedrig und hat schon zu vielfachen Trugschlüssen geführt. Insbesondere wird der hohe Gehalt eines Generatorgases an Wasserstoff oftmals rühmend hervorgehoben und behauptet, daß man gegenüber diesem Vorteil gern ein paar Prozente Kohlensäure mehr mit in den Kauf nehmen könne. Sehen wir aber genauer hin, so finden wir, daß hier eine Täuschung vorliegt. Alle Wärme im Generatorgas stammt zu guter Letzt aus dem Brennstoff. Auch der in der Vergasungszone gebildete Wasserstoff stellt mit seiner Verbrennungswärme nur einen Teil der Verbrennungswärme des Kohlenstoffs vor. Denn für jedes Mol Wasserstoff, das entsteht, muß 1 oder $^1/_2$ Grammatom Kohlenstoff in der Vergasungszone geopfert werden, die ja ihre Verbrennungswärme hätten. Es ist also die im Wasserstoff durch seine Verbrennung zur Verfügung stehende Wärme eigentlich doch wieder dem Kohlenstoff entnommen. Wenn man nun, um Wasserstoff in größerem Prozentsatz zu gewinnen, lieber etwas Kohlensäure in Kauf nimmt, so hat man zu bedenken, daß diese Kohlensäure auf Kosten des Kohlenoxydgases entsteht, und daß die Gasanalyse die Volumen- und damit die Molverhältnisse wiedergibt und nicht die Gewichtsverhältnisse. Mit jedem Prozent Kohlensäure in der Gasanalyse geht uns 0,01 Mol Kohlenoxyd verloren. Das macht in der Verbrennungswärme des Gases einen Verlust von 0,68 Kal. Dafür gewinnen wir allerdings 0,01 Mol Wasserstoff. Dieser aber hat nur einen unteren Heizwert von 0,58 Kal., so daß wir ein schlechtes Geschäft dabei machen.

Aufstellung der Stoff- und Wärmebilanz für einen Generator.

Die Aufstellung der Stoff- und Wärmebilanz eines Gasgenerators ist immerhin etwas schwieriger, wie die einer einfachen Feuerung. Wir wollen deshalb hierfür ein Beispiel durchführen, und zwar die Ergebnisse der Vergasung einer böhmischen Braunkohle in einem mit Luft geblasenen Unterwindgenerator.

Bei der Aufstellung der Stoffbilanz müssen wir hier darauf Rücksicht nehmen, daß der Kohlenstoff in den Gasen nicht nur als Kohlensäure CO_2, sondern auch in der Form schwerer Kohlenwasserstoffe und von Methan vorkommt. Die Formel dieser Stoffe sind:

Kohlenoxyd	CO
Methan	CH_4
Äthylen	C_2H_4.

Wir rechnen die schweren Kohlenwasserstoffe immer als Äthylen.

Bei der Berechnung der Anzahl Grammatome Kohlenstoff, die an der Bildung von 22,4 l des Gases beteiligt sind, werden wir also zu bedenken haben, daß pro Mol Kohlensäure, Kohlenoxyd, Methan je 1 Grammatom C in Rechnung zu setzen ist, daß jedoch jedes Mol Äthylen 2 Grammatome C zu seiner Bildung erfordert. Ebenso müssen wir beachten, daß zur Bildung von 2 Molen Kohlenoxydgas nur 1 Mol Sauerstoff notwendig ist, und daß endlich jedes Mol Methan und jedes Mol Äthylen 2 Molen Wasserstoff entspricht.

Annahme:	Bruttoanalyse der Kohle:		Analyse des Rostdurchfalls:
Kohlenstoff	42,04%	C	67,63%
Wasserstoff	7,28%		
Stickstoff	0,57%		
Schwefel	0,57%		
Sauerstoff	43,91%		
Asche	5,63%		

Die Durchschnittsanalyse des Gases war:

Kohlensäure	1,69%
Äthylen	0,27%
Sauerstoff	0,80%
Kohlenoxyd.	29,80%
Wasserstoff	8,91%
Methan	0,91%
Stickstoff	57,62%

Wir stellen zunächst die Beziehung zwischen dem Kohlenstoff des Gases, dem des Rostdurchfalls und dem der Kohle her und finden: daß mit 5,63 g Asche 11,77 g Kohlenstoff in den Rostdurchfall gehen, so daß wir nur den Rest in dem Gas zu erwarten haben. Es entsteht aber nicht nur Gas, sondern auch Teer, dessen Menge und Zusammensetzung nicht besonders bestimmt worden ist. Um diesen wenigstens schätzungsweise zu berücksichtigen, nehmen wir an, daß sein Kohlenstoffgehalt etwa 3% der flüchtigen ausmache. Wir haben also diese zu errechnen und finden 0,90 g Kohlenstoff im Teer. Es verbleiben sonach für die Gasbildung per 100 g Kohle nur 29,37 g.

Nun enthalten 22,4 l des erhaltenen Gases nach der Analyse 0,3294 Grammatome Kohlenstoff oder 3,953 g. Zu ihrer Bildung werden demnach 13,46 g Kohle verbraucht.

22,4 l des Gases erhalten nach der Analyse 0,5762 Mole Stickstoff. Der Anteil, den der aus der Kohle stammende Stickstoff daran hat, ist so geringfügig, daß wir darauf keine Rücksicht nehmen brauchen. Es entstammt also aller Stickstoff des Gases der Luft, und wir finden, daß wir für 22,4 l Gas 0,7293 m l 22,4 l Luft brauchen. Wir haben somit die eintretenden Stoffmengen bestimmt.

Um nun die austretenden Stoffmengen zu ermitteln, können wir entweder eine Sauserstoff- oder eine Wasserstoffbilanz aufstellen. Wir wählen die Sauerstoffbilanz.

In den Generator tritt an Sauerstoff ein:

Mit 13,46 g Kohle	0,1768 Mole
„ 0,7293 mal 22,4 l Luft . .	0,1526 „
	0,3294 Mole.

In 22,4 l Gas finden sich 0,1739 Mole Sauerstoff.

Da nun in den übrigen Produkten, die den Generator verlassen, Rostdurchfall, Teer, Sauerstoff nicht oder wenigstens nur in sehr geringer Menge vorhanden ist, so haben wir die fehlende Menge Sauerstoff als in Wasser anzunehmen, das ja nicht in der Gasanalyse berücksichtigt ist. Die fehlenden 0,1555 Molen Sauerstoff entsprechen 0,3110 Molen Wasser, die wir also neben 22,4 l trockenen Gases als vorhanden annehmen müssen.

Theoretisch hätten wir zu demselben Resultat kommen müssen, wenn wir eine Wasserstoffbilanz in ähnlicher Weise aufgestellt hätten. In Wirklichkeit stimmen die Ergebnisse dieser beiden Wege nie vollkommen miteinander überein. Es liegt dies teils an der Ungenauigkeit der einzelnen Zahlen, die in der Berechnung eine Rolle spielen, hier insbesondere an dem Kohlenstoffgehalt des Rostdurchfalls, weil einer von den auf Seite 27 erwähnten Fällen vorliegt. Teils aber sind auch gewisse Mengen Kohlenstoff, Wasserstoff und Sauerstoff im Teer enthalten, die immerhin nur schätzungsweise eingesetzt werden können, endlich aber schwankt die Zusammensetzung des Gases je nach der Zeit, die seit dem

Putzen des Rostes und seit der letzten Gicht verflossen ist, so daß der Durchschnittswert, auch wenn er aus mehreren Bestimmungen genommen ist, niemals ganz richtig auf die wirklich durchschnittlichen Verhältnisse paßt.

Aufstellung der Wärmebilanz:

Oberer Heizwert der Kohle . . . 4017 Kal.
Temperatur des erhaltenen Gases 120° C.

In den Generator treten ein:

Mit 13,46 g Kohle		54,06 Kal.
„ 0,7293 Molen permanenter Gase von 14,3° C		0,09 „
		54,15 Kal.

Aus dem Generator treten aus:

Mit Rostdurchfall 1,584 g Kohlenstoff entsprechend.		12,8 Kal.
Mit 22,5 l trockenen Gases:		
An Eigenwärme bei 120° C:		
In 0,0169 Molen CO_2 . .	0,19 Kal.	
„ 0,9713 „ permanenter Gase.	0,77 „	
„ 0,0091 Molen CH_4 . .	0,01 „	
„ 0,0027 „ C_2H_4 . .	0,00 „	
	0,97 Kal.	0,97 Kal.
An Verbrennungswärme:		
Aus 0,0027 Molen Äthylen	0,90 Kal.	
„ 0,2980 „ CO . .	20,34 „	
„ 0,0891 „ H_2 . .	6,13 „	
„ 0,0091 „ CH_4 .	1,92 „	
	29,29 Kal.	29,29 Kal.
Mit 0,3110 Molen Wasserdampf von 120° C:		
An Verdampfungswärme . .	3,36 Kal.	
„ Eigenwärme	0,34 „	
	3,70 Kal.	3,70 Kal.
Mit 0,11 g C des Teers . . .	0,89 „	0,89 „
Summe der austretenden Wärmemengen		47,65 Kal.
Verluste durch Leitung und Strahlung und Versuchsfehler		6,5 „

Rechnet man die erhaltenen Resultate auf 100 Kal. um, so findet man:

Von 100 Kal., die in Form von Kohle in den Generator gebracht werden, finden sich:

Im Rostdurchfall	23,3 Kal.
„ erzeugten trockenen Gas:	
In der Eigenwärme	1,9 „
„ „ Verbrennungswärme	54,2 „
Im Wasserdampf	6,9 „
Im Teer	1,7 „
Verluste durch Leitung und Strahlung und Versuchsfehler	12,0 „
	100,0 Kal.

Da die Verluste durch Leitung und Strahlung kaum so groß sein dürften, ist dieser Versuch jedenfalls mit einem erheblichen Fehler behaftet, dessen Ursachen bereits angedeutet wurden.

Wird in einem Generator außer der Luft Wasserdampf eingeblasen oder demselben auf andere Weise Wasserdampf zugeführt, so ist auch dieser in Rechnung zu setzen. Das ist nun nicht immer leicht. Wird Wasser in Dampfform oder flüssig unter den Rost gebracht, dann ist es nur in den Fällen unter die eintretenden Stoffe einzureihen, wenn wir wissen, daß alles Wasser in den Generator gelangt ist. In diesen Fällen kann das obige Schema beibehalten werden, wenn nur der Sauerstoff des Wassers in die Sauerstoffbilanz eingesetzt wird. Aber es gibt Generatortypen, bei welchen ein Teil des Wassers in den Generator eintritt, während ein anderer durch Verdunstung an die freie Luft verloren geht. Das ist insbesondere der Fall bei solchen Apparaten, deren Mantel in eine Tasse mit Wasser reicht, und auf diese Weise den Generator gegen die Luft abschließt. Da hier ein Teil des Wassers mit der Luft in Berührung ist und das ganze Wasser immerhin erwärmt ist, gehen ganz erhebliche und nicht näher bestimmbare Wassermengen verloren. Man ist dann zur Aufstellung der Stoff- und Wärmebilanz genötigt, eine Wasserbestimmung im Gas durchzuführen und daraus auf die eintretende Wassermenge zu schließen.

Diese Wasserbestimmung wird so durchgeführt, daß man unmittelbar nach der Austrittsstelle der Gase die Leitung anzapft, und nun mittels eines Aspirators ein gegebenes Gasvolumen, etwa 10 l, ansaugt. Zwischen die Zapfstelle und den Aspirator schaltet man ein gewogenes Fläschchen, das mit etwas Watte gefüllt ist, und ein Chlorkalziumrohr. Nach der Bestimmung werden beide Apparate wieder gewogen und die auf 22,4 l Gas entfallende Wassermenge berechnet.

Theoretisches über die Verbrennung und Verwendung gasförmiger Brennstoffe.

Bei den gasförmigen Brennstoffen, insbesondere also bei dem Generatorgas, ist die Form, in der die Analyse uns vorliegt, eine andere als bei den festen Brennstoffen. Wir werdeshalb auch die Stoffbilanz und die Wärmebilanz in anderer Weise zu errechnen haben.

Zu diesem Zweck stellen wir zunächst die Verbrennung der einzelnen Gase, mit denen wir es zu tun haben, wieder in Form von chemischen Gleichungen dar.

Kohlenoxydgas. Das Kohlenoxydgas hat die Formel CO. Beim Verbrennen gibt es Kohlensäure mit der Formel CO_2. Wir müssen deshalb die Verbrennungsgleichung schreiben: $2\,CO + O_2 = 2\,CO_2$. Mit Rücksicht darauf, daß jede Formel, die wir für ein Gas schreiben, immer die Menge von 22,4 l angibt, finden wir, daß das Kohlenoxydgas zu seiner Verbrennung nur die Hälfte seines Volumens Sauerstoff braucht. Sprechen wir in Molen, so sagen wir, 1 Mol Kohlenoxydgas braucht zur Verbrennung ein halbes Mol Sauerstoff. Halten wir uns die Gleichung vor Augen, welche die Mengenverhältnisse bei der Entstehung des Kohlenoxydgases ausdrückt, nämlich: $2\,C + O_2 = 2\,CO$ und führen wir das so entstandene Gas gleich wieder in die zweite Gleichung ein, so ergibt sich als Schlußresultat, daß wir 24 g Kohlenstoff zunächst in 45 l Kohlenoxydgas umgewandelt haben, und schließlich aus diesen 45 l Kohlensäure erhalten. Das stimmt mit den in den ersten Kapiteln angegebenen Mengenverhältnissen bei der Verbrennung des Kohlenstoffs durchaus überein. Das Kohlenoxyd erscheint nur als Zwischenstation auf dem Wege der Verbrennung von Kohlenstoff zu Kohlensäure. Auch der Sauerstoffverbrauch erleidet keinerlei Änderung. Wir führen dem Kohlenstoff den Sauerstoff in zwei Raten zu, aber wir haben schließlich die gleiche Menge verwendet. Das ist wichtig, weil wir daraus ersehen, daß, soweit es den Kohlenstoff betrifft, keine Ursache dafür vorhanden ist, daß die Gasanalyse eine andere werde, je nachdem ich den Kohlenstoff direkt verbrenne oder ihn zuerst in Generatorgas verwandle und hierauf mittels neuerlicher Luftzufuhr vollständig verbrenne. Es wird deshalb zu erwarten sein, daß ein Generatorgas, das mit Luft allein aus Koks erzeugt wird, bei der Verbrennung ein Rauchgas abgibt dessen Analyse vollkommen mit der übereinstimmt, die ich beim Verbrennen von Koks mit dem gleichen Luftüberschuß erhalten hätte. Wir führen diese Überlegung für die theoretische Luftmenge durch und erhalten die Gleichungen:

$$2\,C + O_2 + 3\,78\,N_2 = 2\,CO + 3\,78\,N_2\,,$$
$$(2\,CO + 3{,}78\,N_2) + (O_2 + 3{,}78\,N_2) = 2\,CO_2 + 2 \times 3{,}78\,N_2\,.$$

Ziehen wir nur die ins Spiel tretenden Wärmemengen in Betracht, so finden wir:

$$2\,C + O_2 + 3{,}78\,N_2 = 2\,CO + 3{,}78\,N_2 + 57{,}9 \text{ Kal.},$$
$$2\,CO + 3{,}78\,N_2 + O_2 + 3{,}78\,N_2$$
$$= 2\,CO_2 + 2 \times 3{,}78\,N_2 + 136{,}5 \text{ Kal.}$$

Es zeigt sich sonach, daß in diesem einfachsten Fall etwa ein Drittel der Wärmeerzeugung in den Generator verlegt wird und die restlichen zwei Drittel im Ofen beim Verbrennen des Gases in die Erscheinung treten. Wir haben dabei allerdings nicht Rücksicht genommen auf den Wärmeinhalt der Generatorgase.

Wasserstoffgas. Der Wasserstoff des Generatorgases kommt aus zwei Quellen in dasselbe. Solange wir mit dem eigentlichen Generatorgas arbeiten, also das Gas einem Generator entnehmen, der nur durch Luftzufuhr betrieben wird, kommt aller Wasserstoff aus der Kohle und ist ein Produkt der Entgasung. Seine Menge ist etwas geringer, als die des disponiblen Wasserstoffs der Kohle, weil ein Teil dieses letzteren in den Kohlenwasserstoffen und dem Teer enthalten ist.

Dieser Wasserstoff entsteht im oberen Teil des Generators beim Anwärmen der Kohle. Die zu seiner Erzeugung notwendige Wärmemenge ist gering und wird der fühlbaren Wärme des aufsteigenden Gasstromes entnommen. Im Ofen verbrennt dieser Wasserstoff nach der Gleichung:

$$2\,H_2 + O_2 + 3{,}78\,N_2 = 2\,H_2O + 3{,}78\,N_2 + 116{,}0 \text{ Kal.}$$

d. h. 44,8 l Wasserstoff geben im Ofen annähernd dieselbe Wärmemenge wie 44,8 l Kohlenoxydgas.

Rechnen wir auf Gewichte um, so finden wir:

4 g Wasserstoff liefern im Ofen .	116	Kal.	
56 g Kohlenoxyd „ „ „ .	136,5	„	oder
1 g Wasserstoff „ „ „ .	29	„	
1 g Kohlenoxyd „ „ „ .	2,4	„	

Wenn wir also nach Gewichten rechnen, wie viele es tun, dann hat der Wasserstoff einen Heizwert, der den aller anderen Stoffe in Schatten stellt. Aber bei der Betrachtung der Zahlen einer Gasanalyse haben wir immer Volumina vor Augen, und da zeigt es sich, daß der Wasserstoff hinter dem Kohlenoxyd zu stehen kommt. Dieses Durcheinanderwerfen von Gewichten und Voluminen hat, speziell in bezug auf den Wasserstoff, schon vielfach zu Irrtümern geführt, und selbst in sonst sehr guten Fachschriften finden sich in dieser Sache grobe Fehler.

Haben wir es nicht mit reinem Generatorgas zu tun, sondern mit dem Mischgas, das wir erhalten, wenn außer Luft noch Wasserdampf unter den Rost eingeführt wird, dann entsteht auch in der Vergasungszone Wasserstoff nach den Gleichungen:

$$C + H_2O = CO + H_2 - 29{,}05 \text{ Kal.}$$

und

$$C + 2\,H_2O = CO_2 + 2\,H_2 - 18{,}8 \text{ Kal.}$$

Während nun der Wasserstoff, welcher der Entgasung der Kohle entstammt, ohne erheblichen Wärmeaufwand geliefert wird, ist zur Bildung von Wasserstoff in der Vergasungszone bei Bildung von Kohlenoxyd $^1/_3$, bei Bildung von Kohlensäure $^1/_5$ des Heizwertes des Kohlenstoffes notwendig. Wir haben schon im vorhergehenden Kapitel gesagt, daß wir diesen Wärmeverbrauch im Generator wünschen müssen, um dessen Temperatur nicht allzu hoch steigen zu lassen. Wir erkennen, daß in dieser Hinsicht die Kohlenoxydbildung viel wirksamer ist als die Kohlensäurebildung. Überlegen wir nun noch, wie sich die Wärmeentwicklung im Ofen stellt. Zum Vergleich wiederholen wir die Verbrennung des Generatorgases und nehmen jedesmal so viel Gas, als wir aus 24 g Kohlenstoff erhalten:

I. $2\,CO + 3{,}78\,N_2 + (O_2 + 3{,}78\,N_2)$
$= 2\,CO_2 + 2 \times 3{,}78\,N_2 + 136{,}5$ Kal.

II. $2\,CO + 2\,H_2 + 2\,(O_2 + 3{,}78\,N_2)$
$= 2\,CO_2 + 2\,H_2O + 2 \times 3{,}78\,N_2 + 252{,}5$ Kal.

III. $2\,CO_2 + 4\,H_2 + 2\,(O_2 + 3{,}78\,N_2)$
$= 2\,CO_2 + 4\,H_2O + 2 \times 3{,}78\,N_2 + 232{,}0$ Kal.

Wir sehen daraus, daß bei gleichem Kohlenstoffverbrauch die Wassergasbildung der Generatorgasbildung überlegen ist. Es ist jedoch die Bildung nach Gleichung (II) der nach Gleichung (III) weitaus vorzuziehen. Das erkennen wir besonders dann, wenn wir annehmen, daß die drei Gasarten zur Beheizung eines Ofens für hohe Temperauren verwendet werden sollen. In diesem Fall steht für den eigentlichen Zweck nur die Wärmemenge zur Verfügung, welche über den Wärmeinhalt der Verbrennungsprodukte hinaus bei der Verbrennung entwickelt wird. Führen wir die Berechnung für die Temperaturen von 1000° C und 1600° C durch, so finden wir:

	Wärmeinhalt der Verbrennungsgase		Entwickelte Wärme	Verbleibt zur Nutzung	
	bei 1000° C in Kal.	bei 1600° C in Kal.		bei 1000° in Kal.	bei 1600° in Kal.
Nach Gl. (I)	76,4	128,4	136,5	60,1	8,1
„ Gl. (II)	94,3	160,3	252,5	158,2	91,8
„ Gl. (III)	112,1	192,1	232,0	120,0	39,9

Im Mischgasgenerator gehen nun alle drei Prozesse gleichzeitig vor sich und jeder trägt zur schließlichen Zusammensetzung der Gase bei. Diese Zusammensetzung ersehen wir aus der Gasanalyse, die sich ebenso wie die chemischen Gleichungen auf Volumina bezieht. Es ist also die Wertschätzung, wie wir sie oben versucht haben, unmittelbar auf die Angaben der Gasanalyse übertragbar. Wir erkennen nun, daß mit Rücksicht auf das Verhalten der Gase im Ofen wir den Wasserstoff, der nach Gleichung (II) entwickelt ist, vorbehaltlos begrüßen müssen, während wir den nach Gleichung (III) gebildeten nur dann gelten lassen können, wenn er eben nicht vermieden werden kann. Denn bei gleichem Kohlenstoffaufwand erzielen wir mit dem ersteren einen viel größeren Effekt wie mit dem letzteren, besonders, wenn wir bei hohen Temperaturen arbeiten. So zeigt ja die Tabelle, daß bei 1600° C der eine dem anderen dreifach überlegen ist.

Wir erkennen die Bildung des nach Gleichung (III) entstandenen Wasserstoffs an dem Begleiter, der Kohlensäure. Geringe Mengen Kohlensäure werden von jeder Kohle bei der Entgasung also im oberen Teil des Generators entbunden. Ergibt also die Gasanalyse 1—2% CO_2, so werden wir uns daran noch nicht stoßen. Wir werden aber unsere Kohle kennenlernen müssen und dann bald sehen, wie wir die Analyse zu beurteilen haben. Mit steigendem Dampfzusatz zum Wind steigt von einem gewissen Punkt an der CO_2-Gehalt des Gases. Das ist ein Zeichen für das Einsetzen der Gleichung (III).

Diese läßt sich bei manchen Kohlensorten nicht ganz vermeiden. Denn der Dampfzusatz bezweckt ja das Niederhalten der Temperatur der Vergasungszone, damit aller Kohlenstoff vergast wird und keiner in den Rostdurchfall geht. Dieselben 24 g Kohlenstoff, auf die wir die Gleichungen (I) bis (III) bezogen haben, würden im Rostdurchfall einen Verlust von 194,4 Kal. bedeuten. Es ist also noch immer besser, sie gehen nach Gleichung (III) ins Gas als gar nicht. So bestimmt der Befund des Rostdurchfalls und der Kohlensäuregehalt des Gases zusammen das Urteil über die Güte des Gases, niemals aber einer von diesen beiden allein.

Im oberen Teil des Generators entstehen außer den bereits besprochenen Gasen noch geringe Mengen Methan, Äthylen und Teer.

Für diese Gase gelten die Verbrennungsgleichungen:

$$CH_4 + 2\,O_2 + 2 \times 3{,}78\,N_2$$
$$= CO_2 + 2\,H_2O_g + 2 \times 3{,}78\,N_2 + 191{,}7 \text{ Kal.},$$
$$C_2H_4 + 3\,O_2 + 3 \times 3{,}78\,N_2$$
$$= 2\,CO_2 + 2\,H_2O_g + 3 \times 3{,}78\,N_2 + 316{,}2 \text{ Kal.}$$

Ihre Menge hängt ab von der Kohlensorte und ändert sich sehr im Verlauf der Zeit von einer Beschickung des

Generators bis zur nächsten. Es lassen sich deshalb kaum richtige Durchschnittswerte bestimmen. Diese Gase sind natürlich bei der Wärmebilanz des Generators mit ihrem Wärmewert als erzeugte Wärme einzusetzen.

Der Teer kann gewöhnlich nur mit einem geschätzten Wert in Rechnung gezogen werden, da Teerbestimmungen langwierig und nicht leicht ausführbar sind.

Eine gewisse Schwierigkeit und Unsicherheit ergeben diese Stoffe, sobald das erzeugte Gas vor der Verbrennung im Ofen auf hohe Temperatur vorgewärmt wird, und die so dem Feuerraum zugeführte Wärmemenge in Rechnung gezogen werden soll. Es ist sicher, daß insbesondere das Äthylen bei hohen Temperaturen zerfällt, so daß wir gar nicht damit rechnen dürfen, daß dieses Gas selbst vorgewärmt wird. Auch unter den anderen Gasen finden gewiß Reaktionen statt, ohne daß wir jedoch genau angeben könnten, welches Gasgemisch wir erhalten, wenn wir ein Generatorgas bestimmter Zusammensetzung, ohne daß Luft dazutritt, auf 1000° C erwärmen.

Es bleibt uns da nichts anderes übrig als anzunehmen, daß der Fehler nicht allzu groß sein wird, wenn wir mit dem Gas rechnen, wie es eben die Analyse zeigt. Die Wärmeinhalte der Gase CH_4 und C_2H_4 müssen wir dann einsetzen auf Grund der bei niedrigeren Temperaturen bestimmten spezifischen Wärme, und zwar für 1 Mol Gas und je 100° C

bei Methan zu . . . . . 0,949 Kal.
„ Äthylen zu . . . . 1,13 „

Wir haben von der Bewertung der einzelnen Bestandteile des Generatorgases gesprochen und legen uns nun die Frage vor: Worin liegt der Wert des Generatorgases überhaupt?

Fassen wir für einen Augenblick Generator und Ofen als Ganzes auf und stellen dieses einem gleichen Ofen mit Rostfeuerung gegenüber. In beiden wird dieselbe Kohle verfeuert. Es ergibt sich nun der Unterschied, daß der mit Gas betriebene Ofen mit einem geringeren Luftüberschuß auskommt. Wir wissen bereits, daß dies eine Verringerung des Essenzugverlustes, also eine Verbesserung der Ökonomie bedeutet. Aus unserem Schaubild entnehmen wir sogleich, daß dieser Vorteil aber erst bei höheren Ofentemperaturen ins Gewicht fallen kann. Denn legen wir für den Gasofen den 0,2fachen, für die Rostfeuerung den 0,5fachen Luftüberschuß zugrunde, so kommen wir erst bei etwa 1000° C zu einer Verringerung des Essenzugverlustes um 10%. Nun arbeitet aber der Generator auch nicht ohne Verluste, und wir können ihm einen Nutzeffekt von höchstens 85% zuschreiben. Wir würden also gegenüber der Rostfeuerung trotz des Generators noch immer schlecht wegkommen und hätten eine teure Anlage gebraucht. Wir haben aber bei der Gasfeuerung eine Möglichkeit, die uns die Rostfeuerung nicht gewährt: die Ausnutzung der Abwärme.

Wir können sowohl das Gas als auch die Verbrennungsluft erhitzen, und zwar mit den Wärmemengen, die in den dem Heizraum entströmenden Gasen enthalten sind. Dadurch werden diese natürlich abgekühlt. Fassen wir diesen Fall ins Auge und nehmen wir an, daß die Feuergase mit nur 400° C in die Esse gehen, so ergibt sich aus unserem Schaubild ein anderes Resultat. Während die Rostfeuerung mit 0,5fachem Luftüberschuß und Abgasen von 1000° C einen Verlust von 61% zeigt, ergibt sich für die Gasfeuerung mit 0,2fachem Luftüberschuß und einer Fuchstemperatur von 400° C ein Essenzugverlust von 19%. Selbst wenn wir die Verluste im Generator mit 15% hinzufügen, kommen wir also auf einen erheblichen Gewinn. Damit ist aber auch schon gezeigt, wo das Anwendungsgebiet der Gasfeuerung liegt: bei den hohen Ofentemperaturen.

Wir erkennen nun aber weiter, daß die Vorwärmung der Luft und des Gases der ausschlaggebende Faktor für die Verwendung der Gasfeuerung ist und daß dort, wo sie nicht möglich ist, diese Betriebsart gar nicht anzustreben ist. Wenn nämlich die Temperatur der Abgase beim Verlassen des Heizraumes nicht hoch genug ist, kann bei ihrer Abkühlung nicht viel für die Vorwärmung gewonnen werden. Unter solchen Umständen vereinfacht man die Ofenkonstruktion auch dadurch, daß man nicht Gas und Luft vorwärmt, sondern nur die Luft allein.

Diese Verhältnisse werden auch sehr durch die Zusammensetzung des Gases beeinflußt. Ein Beispiel möge das erläutern. Wir berechnen die theoretische Luftmenge, welche die Gase folgender Zusammensetzung zur Verbrennung per 22,4 l benötigen:

	I Theoretisches Generatorgas	II Mischgas	III Doppelgas*)
CO_2	0	4,2	2,5
O_2	0	0	0
CO	34,6	26,6	35,0
H_2	0	15,2	53,0
CH_4	0	1,5	6,0
C_2H_4	0	0,5	0,5
N_2	66,4	52,0	3,0

Die zur Verbrennung notwendigen Sauerstoffmengen in Molen sind:

	I	II	III
für CO	0,173	0,133	0,175
,, H_2		0,076	0,265
,, CH_4		0,030	0,120
,, C_2H_4		0,015	0,015
	0,173	0,254	0,575

Wir ersehen daraus, daß der Luftbedarf für gleiche Gasmengen sehr verschieden ist, d. h., daß wir mit der Luftvorwärmung ohne die Vorwärmung des Gases sehr verschieden viel ausrichten können. Denn es kämen auf 22,4 l Gas an Luft im Fall

I	II	III
0,83 × 22,4 l	1,21 × 22,4 l	2,75 × 22,4 l

d. h. bei I weniger, bei II mehr, bei III fast das 3fache, als das Volumen des Gases beträgt.

Mit diesen Zahlen ändert sich aber auch die Ausnutzbarkeit der Abgase durch die Luftvorwärmung. In dieser Hinsicht spielt auch der Wasserdampf des Generatorgases eine Rolle. Bei Steinkohlen und richtiger Betriebsweise des Generators ist seine Menge gering. Bei Braunkohlen aber beträgt sie oft $^1/_4$ Mol Wasserdampf pro 22,4 l trockenen Gases. Durch diese Belastung des Gases und damit auch der Feuergase wird deren Wärmeinhalt bedeutend erhöht. Wird nun die Luft in der gleichen Weise vorgewärmt wie bei trockenem

*) Das Doppelgas wird in einem Wassergasgenerator besonderer Konstruktion gewonnen und ist ein Gemisch aus Wassergas und den Entgasungsprodukten.

Gas, so ist die Ausnutzung der Abgase eine schlechtere und der Nutzeffekt des Ofens sinkt.

Wir ersehen aus all dem Vorstehenden, daß wir bei der Beurteilung der Gasfeuerung und bei ihrer Betriebsführung mancherlei in Erwägung ziehen müssen, was bei der Rostfeuerung nicht so deutlich zum Ausdruck kommt.

Am Schlusse dieses Abschnittes soll nun noch besonders des Wasserdampfes im Generatorgas gedacht werden, soweit er im Heizraum eine Rolle spielt. Er trägt zur Verbrennung nichts bei und schadet ihr direkt nicht. Aber er vermehrt den Wärmeinhalt der Verbrennungsgase. Nun stehen im Heizraum außer den von den vorgewärmten Gasen mitgebrachten Wärmemengen nur die Verbrennungswärmen der Gase CO, H_2, CH_4 usw. zur Verfügung, um die Flammentemperatur zu erreichen. Diese Flammentemperatur stellt sich ja, wie früher schon erläutert, nur dadurch ein, daß eben sämtliche Wärme als fühlbare Wärme der gebildeten Verbrennungsgase erscheint. Tritt nun zu jedem Mol trokkenen Generatorgases eine erhebliche Menge Wasserdampf, so verteilt sich die Reaktionswärme auf eine größere Gasmenge, die Flammentemperatur sinkt. Das macht nun bei niederen Temperaturen des Ofens nicht so viel aus, weil dort die für die Wärmeübertragung wichtige Differenz zwischen Flammen und Ofentemperatur ohnehin groß ist. Haben wir es aber mit Glas- oder Stahlöfen zu tun, in welchen wir Temperaturen von 1400° C und 1600° C erzielen wollen, dann leidet unter dieser Wasserdampfbelastung die Wärmeübertragung und damit die Ausnutzung der Flammengase ganz gewaltig. Es ist deshalb sehr richtig, wenn man in solchen Fällen lieber die ganze fühlbare Wärme des Gases, wie es den Generator verläßt, opfert, um durch eine solche Abkühlung eine Abscheidung des Wasserdampfes zu erzielen.

Gasfeuerungen.

Den mannigfachen Anwendungen der Gasfeuerungen entspricht eine so große Zahl von Ausführungsformen, daß es den Rahmen dieses Büchleins weit überschreiten würde, sie alle hier auch nur schematisch zu behandeln. Wir beschränken uns deshalb auf das Grundsätzliche und überlassen wie in den anderen Teilen dem Leser die Anwendung auf seinen besonderen Fall.

Wir werden zunächst das Augenmerk auf die Anwärmung der Luft und des Gases lenken. Für diesen Zweck sind zwei Systeme erfunden worden: die Rekuperation und die Regeneration.

Bei der ersten werden die Kanäle, durch welche die Essengase abziehen, zerteilt und so gelegt, daß zwischen zwei solchen Kanälen ein dritter ist, in welchem Luft oder Gas der Feuerung zuströmt. Überdies sieht man darauf, daß die Strömungsrichtung der Rauchgase entgegengesetzt ist der der anderen Gase. Man arbeitet nach dem Gegenstromsystem. Die Wärme, welche die Abgase an Luft und Generatorgas abgeben, muß durch Leitung die Wände der Kanäle durchströmen. Um hierfür eine entsprechende Temperaturdifferenz auf dem ganzen Weg zur Verfügung zu haben, wird eben der Gegenstrom angewendet. Wichtig ist, zu bemerken, daß in den Essenkanälen naturgemäß ein Unterdruck herrscht, so daß bei einer Undichtigkeit der Kanäle gegeneinander Gas oder Luft direkt in die Esse abzieht. Das ergäbe besonders für das Gas einen schwerwiegenden Verlust. Solche Ofenanlagen benötigen meist einen sehr komplizierten Unterbau, in welchen alle Kanäle untergebracht sind. Denn da die Wärme durch Leitung übertragen werden muß, ist es auch notwendig, dafür die entsprechend großen Ausgleichsflächen zu schaffen, was wieder eine entsprechende Länge der Kanäle bedingt.

Diese reinen Rekuperativöfen sind z. B. für Glaswannenöfen und andere Zwecke in Gebrauch. Viel häufiger sind aber Öfen, bei denen nur die Luft vorgewärmt wird, während das Gas nur mit der Temperatur, wie es vom Generator kommt, dem Ofen zuströmt. Dieser Fall tritt besonders dann in den Vordergrund, wenn man es mit keiner sehr hohen Ofentemperatur zu tun hat, oder wenn der Ofen an einem Ende zwar eine hohe Temperatur hat, gegen den Fuchs zu aber kälter wird, so daß die Abgase nicht mehr mit allzu hoher Temperatur den Feuerraum verlassen, wie es bei Kühlöfen, Rollöfen usw. der Fall ist. Es ist ja überhaupt natürlich, daß ein Ofen mit stets gleichbleibender Flammenrichtung an einem Ende wärmer ist wie am anderen.

Bei solchen Öfen kommt es nun vor, daß man ein Interesse daran hat, einzelne Ofenteile zu kühlen, damit das Mauerwerk, sei es von den Flammen, sei es von Schlacken, nicht so stark angegriffen und zerstört werde. Man legt dann die Luftkanäle unter die Ofensohle oder baut ein doppeltes Gewölbe, in dessen Zwischenraum die eintretende Luft vorgewärmt wird. Rein wärmetechnisch ist dieser Fall von der Rekuperation streng zu scheiden, weil die Wärmemengen, die auf solche Weise der Luft zugeführt werden, nicht den Abgasen entnommen werden, also nicht wiedergewonnen sind, sondern eine besondere Leistung des Ofens darstellen, die, soweit wir nur den Heizraum in Betracht ziehen, sogar als eine Vergrößerung der Verluste anzusehen ist. Man muß eben die größere Haltbarkeit des Mauerwerks bezahlen, und es ist Sache der besonderen Verhältnisse, welcher Weg da als der vorteilhaftere zu wählen ist. Übrigens können solche Anordnungen auch noch mit wirklichen Rekuperationen verbunden werden, so daß die Aufstellung der Wärmebilanz und die richtige Abschätzung aller Ofenteile und ihrer Leistungen ziemlich kompliziert ist. Immerhin wird es gut sein, wenigstens an Hand geschätzter Zahlen sich über alle diese Verhältnisse klar zu werden, damit man den Einfluß jeder Maßnahme am Ofen richtig beurteilen kann.

Die zweite Art der Vorwärmung der Gase für die Verbrennung im Feuerraum wird als Regeneration bezeichnet. Sie besteht darin, daß man die abziehenden Feuergase durch eine mit Schamottesteinen gitterartig ausgelegte Kammer streichen läßt, ehe man sie der Esse zuführt. Dabei werden die Steine auf Kosten der Abgase auf hohe Temperatur erhitzt und geben, wenn man den Rauchgasstrom anderweitig ableitet, die zuströmende Luft oder das Gas aber durch die Kammer dem Ofen zuströmen läßt, die aufgenommenen Wärmemengen an diese ab. In der Regel hat man also bei diesen Öfen zwei Kammern, eine für Luft und eine für Gas vorzuwärmen, während gleichzeitig durch zwei andere Kammern Luft und Gas zuströmt. Nach einer gewissen Zeit, die von dem Zustand des Ofens abhängt und meist zwischen einer Stunde und zehn Minuten schwankt, muß man die Verhältnisse verkehren, wechseln, um die mittlerweile abgekühlten Kammern wieder zu erhitzen und die heißen wieder auszunutzen. Die Öfen dieses Systems haben deshalb meist wechselnde Flammenrichtung, was den Vorteil in sich birgt, daß sie nach öftermaligem Wechseln in allen Teilen gleichmäßig heiß werden. Sie sind deshalb auch vollkommen symmetrisch gebaut. Hierher gehören die meisten Glasöfen und die Siemens-Martinöfen der Stahlindustrie.

Auch dieser Grundgedanke ist vielfacher Abwandlungen fähig. Auch hier können die Gaskammern in Wegfall kommen, es kann mit dem Gas geheizt werden, wie es aus dem Generator kommt, während die Luft allein in Regeneratoren vorerhitzt wird. Das ist sogar notwendig, wenn, wie im Trigas oder im Erdgas, ein Heizgas vorliegt, das entweder eine Vorerhitzung nicht verträgt oder pro Volumseinheit eine vielfach größere Luftmenge braucht. Vom feuerungstechnischen Standpunkt besonders interessant sind hierhergehörige Öfen der keramischen Industrie, in welchen als Wärmespeicher die eben erbrannten Ziegel oder sonstigen Waren dienen. Bei diesen Öfen fehlt die Symmetrie, die Flammenrichtung bleibt immer die gleiche, aber der Ort des Heizraums wandert. Besonders bemerkenswert ist, daß Öfen des gleichen ofentechnischen Grundgedankens sogar auf das Heizgas verzichten können und es durch Kohlenklein ersetzen.

Beispiel:

78. Es sei ein Flammofen untersucht worden.

Analyse des Generatorgases:

Kohlensäure	4,6%
Kohlenoxyd	26,1%
Wasserstoff	15,2%
Methan	1,1%
Stickstoff	53,0%.

Die Wasserbestimmung im Gas ergab neben 22,4 l trokkenen Gases

Wasserdampf 4,52 g = 0,251 Mole.

Temperatur des Gases beim Eintritt in den Ofen 115° C.

Analyse des Rauchgases:

Kohlensäure	14,9%
Sauerstoff	3,3%
Stickstoff	81,8%.

Temperatur des Rauchgases im Fuchs 750° C.

Temperatur der Luft beim Eintritt in den Ofen 400° C.

Für die Aufstellung der Stoffbilanz ist zunächst wichtig zu bemerken, daß die Analyse des Generatorgases und des Rauchgases nicht ganz in Einklang zu bringen sind.

Ein Generatorgas der obigen Zusammensetzung müßte bei theoretischer Verbrennung ein Rauchgas mit 18,7% Kohlensäure ergeben, woraus wir mit Hilfe der Tabelle 2 auf $a = 0{,}973$ und mit Hilfe der Seite 47 angeführten Proportionen auf einen Sauerstoffgehalt von 4,4% bei dem angegebenen Kohlensäuregehalt schließen müssen. Wenn tatsächlich weniger gefunden wurde, so ist daran entweder ein Fehler in der CO_2-Bestimmung schuld, welche dann zu niedrig ausgefallen wäre (durch Absorption im Sperrwasser der Bürette), oder es ist durch den Ofeninhalt den Gasen Sauerstoff entzogen worden. Wir nehmen den letzteren Grund an, da im besagten Ofen Stahlblöcke zum Schmieden warm gemacht wurden. Solche Verhältnisse sind häufig und erfordern ein kritisches Betrachten der Analysenresultate, eventuell eine Korrektur.

Wir arbeiten zunächst die Kohlenstoffbilanz aus:

Mit 22,4 l trockenem Gas kommen in den Ofen:

Mit Kohlensäure . . .	0,046	Grammatome
,, Kohlenoxyd . . .	0,261	,,
,, Methan	0,011	,,
	0,318	Grammatome.

Mit 22,4 l Rauchgas gehen aus dem Ofen ab	0,149 Grammatome
Für eintretende 22,4 l Mischgas treten mithin aus	2,13 × 22,4 l Rauchgas.

Nachdem wir uns auf die Sauerstoffbilanz nicht verlassen können, stützen wir uns auf die Stickstoffbilanz.

2,13 × 22,4 l Rauchgas enthalten 2,13 × 0,818, d. i.	1,742 Mole Stickstoff
Davon kamen mit den 22,4 l Mischgas in den Ofen.	0,530 ,, ,,
Es entstammen daher der Luft . .	1,212 ,, ,,
mit diesen war in den Ofen an Sauerstoff eingetreten	0,321 ,,
so daß pro 22,4 l Mischgas an Luft in den Ofen eintreten	1,533 × 22,4 l Luft.

Es treten demnach in den Ofen ein:

22,4 l trockenes Mischgas
0,251 Mole Wasserdampf
1,533 × 22,4 l Luft.

Es treten aus:

2,13 × 22,4 l trockenes Rauchgas
0,251 Mole Wasserdampf aus der Feuchtigkeit des Gases
0,174 „ „ aus der Verbrennung von 22,4 l Gas.

Wärmebilanz.

Eintretende Wärmemengen:

	Wärmeinhalt des reinen Gases per Mol bei 115° C	Davon Mole	Beitrag zum Wärmeinhalt von 22,4 l Gas + 0,251 Mol Wasserdampf
Permanente Gase. . .	0,7649	0,943	0,721 Kal.
Kohlensäure	1,0626	0,046	0,049 „
Wasserdampf	0,9667	0,251	0,243 „
Methan	1,091	0,011	0,012 „
Mit feuchtem Mischgas kommen in den Ofen			1,025 Kal.

Mit 1,533 × 22,4 l Luft von 400° C treten ein

1,533 × 2,719 = 4,168 Kal.

5,193

Verbrennungswärmen:

0,261 Mole	Kohlenoxyd	geben	0,261 × 68,25 =	17,813 Kal.
0,152 „	Wasserstoff	„	0,152 × 58 =	8,816 „
0,011 „	Methan	„	0,011 × 191,7 =	2,109 „
				28,738 Kal.
Hierzu die fühlbaren Wärmemengen wie oben				5,193 „
			Totale eintretende Wärme	33,931 Kal.

Austretende Wärmemengen:

	Wärmeinhalt der reinen Gase pro Mol bei 750° C	Davon Mole	Beitrag zum Wärmeinhalt des Rauchgases
Permanente Gase .	5,2392	2,13 × 0,851	9,495 Kal.
Kohlensäure . . .	8,1389	2,13 × 0,149	0,317 „
Wasserdampf . . .	6,4781	0,425	2,753 „
Summe der austretenden Wärmemengen			12,565 Kal.

Beziehen wir diese Summe auf die dem Feuerraum zugeführte Wärmemenge, so beträgt sie 37%.

Es möge nun dieser Fall noch näher erörtert werden. Bei dem vorliegenden Ofen wurde die Luft nicht durch Rekuperatoren, sondern durch ein doppeltes Gewölbe vorgewärmt. Es hatte mithin der Heizraum auch diese Wärmemenge zu liefern, abgesehen von den Strahlungs- und Leitungsverlusten. Nachdem die für die Luftvorwärmung erforderlichen 4,168 Kal. 12,3% der eintretenden Wärmemengen betragen, verbleiben dem Heizraum für die eigentliche Leistung und die Bestreitung der Verluste nur 100 — 37,0 — 12,3 = 50,7%.

Wäre die Luft durch Rekuperation mit Hilfe der Essengase vorgewärmt worden, so würden allerdings die Strahlungs- und Leitungsverluste des Gewölbes größere geworden sein, so daß der Gewinn nicht die ganzen 12,3% betragen hätte.

Wir wollen nun noch die Flammentemperatur in diesem Fall berechnen. Wir finden für die Temperatur von 1600° C im Rauchgas:

In	2,13 × 0,851	Molen	permanenter Gase . .	21,56 Kal.
,,	2,13 × 0,149	,,	Kohlensäure	6,11 ,,
,,	0,425	,,	Wasserdampf	6,77 ,,
				34,44 Kal.

und schätzen darnach auf 1570° C.

Der besprochene Fall ist durch einen sehr hohen Wassergehalt des Gases charakterisiert. Wir führen ihn deshalb nochmals durch unter der Annahme, daß das Generatorgas trocken sei. Wenn auch dieser Fall nie völlig zutrifft, so genügt uns die Berechnung doch, um die richtigen Schlüsse zu ziehen.

An der Stoffbilanz wird dadurch nichts geändert; nur die 0,251 Mole Wasserdampf fallen weg.

Die eintretenden Wärmemengen verringern sich dadurch um 0,243 Kal. und betragen somit 33,69 Kal.

Die austretenden Wärmemengen bleiben ebenso die gleichen, bis auf die Zahlen für Wasserdampf. Es treten nur 0,174 Mole davon aus mit einem Wärmeinhalt von 1,127 Kal., so daß die Summe der austretenden Wärme beträgt: 10,939 Kalorien.

Daher Essenzugverlust: 32,4%.

Es würde sich demnach der Effekt nicht wesentlich ändern.

Errechnen wir die Flammentemperatur, so finden wir bei 1600° C für 0,174 Mole Wasserdampf 2,77 Kal.

und als Summe . . . . 30,44 Kal.

und schätzen daraus die Temperatur von 1800° C.

Wir dürfen nun nicht vergessen, daß die tatsächlichen Flammentemperaturen niedriger sind, und nehmen an, daß diese im vorliegenden Fall in Wirklichkeit 300° tiefer liegen.

Wir finden dann

für feuchtes Gas . . . . . 1270° C
„ trockenes Gas . . . . 1500° C.

Liegt nun die gewünschte Temperatur an der heißesten Stelle des Ofens bei 1100° C, so haben wir im ersten Fall eine Spannung von 170° C, im zweiten Fall von 400° C. Dadurch wird im ersten Fall eine schlechte Wärmeübertragung stattfinden, so daß die Flamme ihre Wärme nicht an das Gut im Ofen abgibt. Daraus folgt nun eine unnütz hohe Temperatur im Fuchs und sohin ein höherer Essenzugverlust sowie überhaupt eine ungünstige Wärmeverteilung im Ofen.

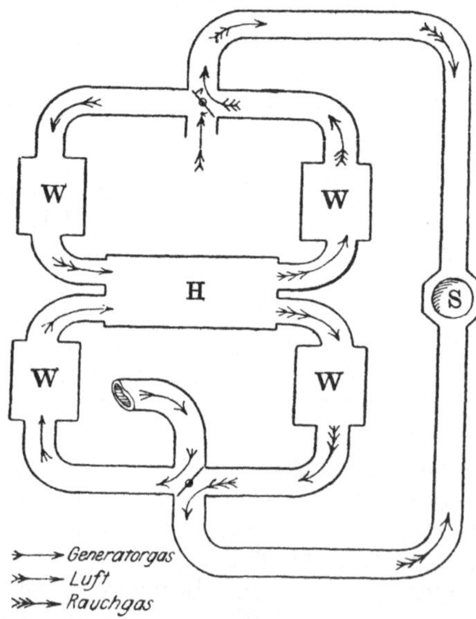

Fig. 25.

Wir wenden uns nun den Regenerativfeuerungen zu. Fig. 25 zeigt das Schema einer solchen. Im Mittelpunkt derselben liegt der Herdraum *H*. Diesem strömt von einer Seite Luft und Gas zu, verbrennt dort und zieht am anderen Ende durch zwei Züge ab. Diese führen zu den Kammern, den Wärmespeichern *W*, und von dort ab zur Esse. Dabei kommen die Rauchgase an den Klappen vorüber. Wird nun gewechselt, so werden die Klappen im angedeuteten Sinn um 90° gedreht. Es strömt dann Luft und Gas auf denselben Wegen, welche früher die Abgase hatten, aber in entgegengesetzter Richtung.

Die Kammern liegen in Wirklichkeit fast stets unter dem Ofen, manchmal auch seitwärts. Sie werden von den Gasen stets in vertikaler Richtung durchstrichen, so daß sie an der Sohle kälter sind wie am Gewölbe. Naturgemäß schwankt ihre Temperatur, sinkt, wenn die Gase zum Ofen strömen, und steigt dann nach dem Wechseln. Fig. 26 gibt von diesen Schwankungen ein Bild.

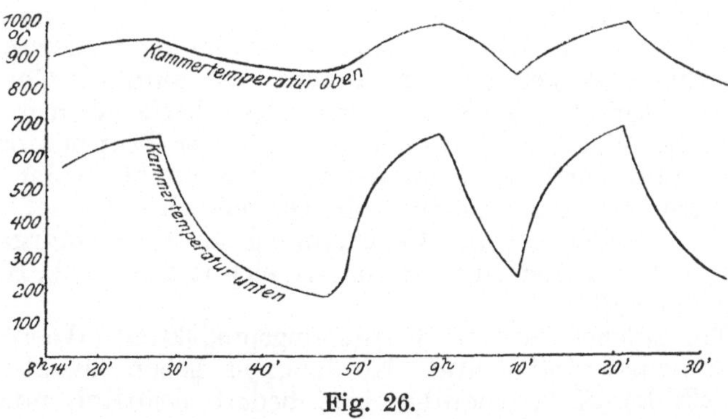

Fig. 26.

Die Umsteuerungsvorrichtungen sind verschieden konstruiert. Es ist zu beachten, daß die Klappe, wie sie in der Figur angedeutet ist, zwei Gasströme von sehr verschiedenem Druck voneinander scheidet. Denn das Generatorgas hat vor dem Ofen meist noch einen kleinen Überdruck, während der Schornstein *S* bei der Klappe seine volle Zugkraft einsetzt. Daher kommt es, daß bei dieser einfachen Vorrichtung meist etwas Gas direkt in den Kamin eintritt. Das ist aber ein Verlust. Bei größeren Undichtheiten sehen wir denn auch gleich gelbe Teernebel dem Schornstein entströmen. Man hat deshalb viele andere Konstruktionen für die Umsteuerung erfunden. Soweit sie mit Wasserverschluß arbeiten, ist zu beachten, daß das Gas durch sie leicht mit unnötigen Wasserdampfmengen belastet wird.

Für die Durchrechnung und Betrachtung dieser Art von

Feuerungen kommen dieselben Gesichtspunkte in Betracht wie im vorhergehenden Beispiel. Die von Gas und Luft in den Ofen gebrachten fühlbaren Wärmemengen sind jedoch viel größer wie dort, weil die Erhitzung in den Regeneratoren bis 1200° C getrieben wird; sie können mehr als die Hälfte der Verbrennungswärme betragen.

Halbgasfeuerungen.

Mit dem Namen Halbgasfeuerungen werden oft die verschiedensten Konstruktionen bezeichnet. Im eigentlichen Sinn des Wortes sind nur solche Ausführungen darunter zu verstehen, bei welchen der Verbrennungsraum als Generator eingerichtet ist. Da gibt es aber keine scharfe Grenze. Denn schon bei einer gewöhnlichen Schräg- oder Treppenrostfeuerung kann durch eine etwas größere Schutthöhe der Kohle aus dem Verbrennungsraum ein Gasgemisch entweichen, das infolge unvollständiger Verbrennung als Generatorgas angesprochen werden kann, wenn es gleich 10 oder 12% Kohlensäure enthält.

Ein solches aus den Entgasungsprodukten (Wasserstoff, Kohlenwasserstoffe) und Kohlenoxyd neben Kohlensäure und Stickstoff bestehendes Gas bedarf natürlich noch der Beimengung von Luft, um vollständig zu verbrennen. Diese Sekundärluft wird bei den Halbgasfeuerungen durch Hohlsteine an der Feuerbrücke oder an anderen Orten des Feuerraumes zugeführt.

Betrachten wir nun zunächst den als Generator wirkenden Verbrennungsraum, so erkennen wir sogleich, daß dort gegenüber einem selbständigen Generator eine viel größere Wärmemenge als fühlbare Wärme der Gase auftreten wird, weil ja eine größere Menge von Kohlensäure entsteht. Wir haben da die Verhältnisse vor uns, welche in den Tabellen auf Seite 129 bis 131 durch die letzten Reihen gekennzeichnet sind. Dementsprechend ist auch die Temperatur der entstehenden Gase eine höhere wie die des eigentlichen Generatorgases. Was die Zusammensetzung der Gase betrifft, so ist sie meist eine gleichmäßigere wie im Generator, da die meisten Konstruktionen derart sind, daß der Brennstoff fast ununterbrochen der

Feuerung zugeführt wird (Schrägrost mit Gosse). Dagegen findet häufig eine völlige Durchmischung der Entgasungs- und Vergasungsprodukte nicht statt, so daß eine richtige Probenahme fast unmöglich ist. In der Vergasungszone entwickelt sich naturgemäß auf dem Roste eine sehr hohe Temperatur. Das führt wegen der Schlackenbildung bei vielen Kohlen zu Schwierigkeiten. Zu ihrer Bekämpfung sind die gleichen Mittel anwendbar wie beim Generator, der Sumpf unter dem Rost, Einblasen von Wasserdampf bei geschlossenem Aschenfall, Kühlung des Rostes oder einzelner Teile durch Wasser.

Dort wo die Sekundärluft mit dem heißen Gas zusammentrifft, entwickeln sich durch die Verbrennung neue Wärmemengen. Für die rechnerische Beherrschung des einzelnen Falles wäre es nun nicht nur notwendig die Zusammensetzung und Temperatur des Gases zu kennen, sondern auch die Menge der zugeführten Sekundärluft. Eine solche Messung der Luftmenge wird aber, wenn sie auch möglich ist, doch nur selten durchgeführt, und es bleibt uns zur Beurteilung der Feuerung nur die Untersuchung und Temperaturmessung der Rauchgase. Daraus werden wir nun zwar die Höhe des Essenzugverlustes entnehmen können, sonst aber nichts.

Da wir uns mit Hilfe von Instrumenten so wenig genau über den Gang der Feuerung unterrichten können, müssen wir um so genauer beobachten.

Da werden wir zuerst fragen, wie die Sekundärluft vorgewärmt wird. Das kann durch Rekuperation mit Hilfe der Abgase geschehen. Dieser Fall ist der günstigste und ermöglicht uns insofern ein sicheres Urteil, als aus dem Temperaturabfall der Rauchgase vor und hinter der Rekuperation ein Anhaltspunkt für die Wärmemengen gewonnen werden kann, welche die Sekundärluft der Feuerung zuführt. Dieser Fall ist aber der seltenste. Meist finden wir Verhältnisse, wie wir sie bei den Gasfeuerungen schon besprochen haben: Vorwärmung der Luft in der Ofensohle, den Wänden usw. Bei allen diesen Ausführungen muß also die im Herdraum entwickelte Wärme auch die Luft vorwärmen, d. h. der hierfür notwendige Aufwand geht dem Zweck der Feuerung verloren. Damit ist auch schon gesagt, daß solche Ausführungen nur dort berechtigt sind, wo die Schonung des Ofenbaumaterials eine Kühlung ohnehin erforderlich macht.

Zu den hier besprochenen Konstruktionen gehört auch die, bei welcher die Kanäle für die Sekundärluft in die Seitenwandungen des Feuerraumes, also rechts und links vom Rost, verlegt sind. Hier wird also der Generator gekühlt. Die Anordnung ist für den Gang des Generatorgasprozesses ziemlich belanglos, weil der Einfluß der Wände nicht weit ins Innere reicht, und die Kühlung nur unten am Rost einen Zweck hat. Die dem Generator entzogenen Wärmemengen werden dem Ofen zwar wieder zugeführt, aber die Verbrennungstemperatur der Flamme und damit die Wärmeübertragung muß hier bei sonst gleichen Verhältnissen immerhin zurückbleiben gegenüber dem Fall, wo die Luftvorwärmung dem Heizraum zufällt. Wo also hohe Temperaturen erzielt werden sollen, ist diese Ausführung nicht angebracht.

Eine weitere wichtige Sache ist der Rostdurchfall und die Rostbetriebsdauer. Geht ein größerer Anteil des Kohlenstoffs mit der Asche ab, so ist das natürlich ein Verlust. Diese Erscheinung hat aber nicht nur ihre wärmetechnische Bedeutung; denn die Mengen der Entgasungsprodukte bleiben die gleichen, während die Menge der Vergasungsprodukte im angenommenen Fall geringer wird. Würden wir den Fall ins Extreme steigern, so würden wir schließlich mit rohem Leuchtgas unseren Ofen betreiben. Das hat nun nicht allein Einfluß auf die Beurteilung der Gasanalyse, sondern besonders auch auf den Gang des Ofens. Solche Brennstoffverschwendung kann manchmal das einzige Mittel sein, um eine gewünschte Temperatur überhaupt noch mit dem gegebenen Ofen zu erreichen. Jedenfalls ist ein solcher schwarzer Rostdurchfall eine unliebsame Erscheinung und deutet, wenn nicht gerade Sandkohlen verbrannt werden, auf eine zu hohe Temperatur der Vergasungszone. Man wird dann gut tun, Wasserdampf einzuführen, weil man so zwar dem Generator Wärme entzieht, diese aber im Herdraum wieder nutzbar macht.

Durch den schwarzen Rost wird aber auch sonst der Gang des Ofens wesentlich geändert. Als bewegendes Moment für die zuströmende Luft, sowohl die durch den Rost eintretende Primärluft als auch die Sekundärluft, ist ja nur der Schornsteinzug maßgebend. Nehmen wir zunächst an, er bleibe immer gleich, so wird mit zunehmender Verlegung des Rostes die dort durchgesaugte Luftmenge kleiner. Das bedingt im ganzen Ofen ein Steigen des Zuges, so daß nun die Sekundärluft mit größerer Kraft in den Ofen gezogen wird, da ja in ihrer Leitung keine Änderung sich ergibt. Also geringere Gasmenge, größere Sekundärluftmenge und damit ein Steigen des Luftüberschusses und ein Fallen der Flammentemperatur. Ist aber ein periodisch betriebener Ofen das Objekt der Betrachtung, dann komplizieren sich die Verhältnisse noch mehr, indem mit der Dauer des Betriebes die Temperatur der Abgase und damit der Schornsteinzug steigt, die Primärluftmenge aber fällt, so daß die oben erwähnten Verhältnisse noch schwerer ins Gewicht fallen. Es wird deshalb der Zugmessung an verschiedenen Stellen des Ofens und ihre Beobachtung während des Ofenganges eine besondere Aufmerksamkeit zu schenken sein.

Wir erkennen aus diesen Ausführungen, daß besonders die Halbgasfeuerungen eine eingehende und verständige Beobachtung brauchen, sollen sie richtig betrieben werden. Vieles aber was dort besonders deutlich in die Erscheinung tritt, ist auch bei anderen Rostfeuerungen wichtig, da es ja zwischen den ausgesprochenen Halbgasfeuerungen und den anderen keine scharfe Grenze gibt. Die Bausteine für solche Beobachtungen und Überlegungen zu liefern war die Aufgabe der vorstehenden Kapitel und Beispiele, und es wird bei jeder Feuerung, und insbesondere bei jeder Halbgasfeuerung kaum eine von den behandelten Fragen als nicht hierher gehörig gelten dürfen. Wenn wir aber das Spiel und Widerspiel aller Einflüsse klar erkennen, dann werden wir uns oft wundern, mit welch einfachen Mitteln Erfolge erzielt werden können und wie genau jeder Ofen unseren Absichten folgt.

Die Halbgasfeuerungen haben den Vorteil mit den Gasfeuerungen gemein, daß der Luftüberschuß und damit der Essenzugverlust vermindert ist gegenüber den anderen Rostfeuerungen. Hand in Hand damit geht eine erhebliche Steigerung der Flammentemperatur und die Möglichkeit einer rußfreien Verbrennung. Auch kann dadurch, daß die Zuführung der Sekundärluft auf bestimmte Art und an der richtigen Stelle erfolgt, die höchste Temperatur des Ofens an eine vorher gewählte Stelle verlegt werden. Die etwas höheren Anlagekosten und die Notwendigkeit einer verständnisvollen Bedienung fallen diesen bedeutenden Vorteilen gegenüber als Nachteile nicht ins Gewicht.

Lösungen der Beispiele.

Nr. 2. Für 10 g Kohlenstoff braucht man 26,7 g Sauerstoff.

Nr. 3. Mit 10 g Sauerstoff kann man 3,75 g Kohlenstoff verbrennen.

Nr. 4. Aus 10 g Kohlenstoff entstehen 18,7 l Kohlensäure.

Nr. 5. 1 l Sauerstoff wiegt 1,43 g.

Nr. 6. 1 l Kohlensäure wiegt 1,97 g.

Nr. 7. 10 g Kohlenstoff verbrauchen 18,7 l Sauerstoff.

Nr. 8. Für 10 l Kohlensäure sind 5,36 g Kohlenstoff notwendig.

Nr. 9. Mit 10 l Sauerstoff können wir 5,36 g Kohlenstoff verbrennen.

Nr. 12. Aus 10 g Kohlenstoff erhalten wir 89,2 l Rauchgase.

Nr. 13. 1 cbm Luft enthält 1000 : 4,78 l Sauerstoff. Diese 20,92 l = 0,934 × 22,4 l können 0,934 × 12 = 11,2 g Kohlenstoff verbrennen.

Nr. 15. Mit 10 g Sauerstoff können 4,17 g Koks verbrannt werden.

Nr. 16. Beim Verbrennen von 10 g Koks entstehen 16,8 l Kohlensäure.

Nr. 17. Zur Bildung von 100 l Kohlensäure sind 59,5 g Koks notwendig.

Nr. 18. Zum Verbrennen von 10 g Koks sind 80,3 l Luft notwendig.

Nr. 19. Beim Verbrennen von 10 g Koks erhalten wir 80,3 l Rauchgas.

Nr. 20. Mit 1 cbm Luft kann man 12,4 g Koks verbrennen.

Nr. 22. Zum Verbrennen von 10 g Koks mit der $2^1/_2$-fachen Luftmenge braucht man 2,5 × 80,3 = 200,8 l Luft.

Nr. 23. Beim Verbrennen von 10 g Koks mit doppeltem Luftüberschuß erhält man 16,8 l Kohlensäure, 80,3 — 16,8 = 63,5 l Stickstoff aus dem theoretischen Rauchgas (Nr. 19) und 2 × 16,8 = 33,6 l Sauerstoff sowie 2 × 63,5 l Stickstoff aus dem Luftüberschuß. Somit:

Kohlensäure	16,8 l
Sauerstoff	33,6 l
Stickstoff	190,5 l.

Nr. **24a.** Aus 100 g Kohle entstehen (50,12 : 12) × 44 = 183,9 g Kohlensäure.

Nr. **24b.** Aus 100 g Kohle entstehen (50,12 : 12) × 22,4 = 93,6 l Kohlensäure.

Nr. **25.** Aus 1 g Wasserstoff erhalten wir 9 g Wasser.

Nr. **26.** Für 1 g Wasserstoff verbrauchen wir 8 g Sauerstoff.

Nr. **27.** Für 1 cbm Wasserstoff verbrauchen wir 500 l Sauerstoff. Diese sind in 2390 l Luft enthalten.

Nr. **28.** Nehmen wir von der Kohle 100 g; darin 13,14 g Sauerstoff. Mit diesen können wir 13,18 : 8 = 1,64 g Wasserstoff verbrennen (siehe Nr. 26).

Nr. **29.** Es verbleiben 4,06 — 1,64 = 2,42 g Wasserstoff. Für diese sind (2 · 42 : 4) × 22,4 = 13,6 l Sauerstoff notwendig.

Nr. **30.** Für die Verbrennung von 100 g Braunkohle sind notwendig an Sauerstoff:

für 50,12 g Kohlenstoff	93,6 l
„ 4,06 — 1,64 g Wasserstoff . . .	13,6 l
	107,2 l.

Mithin an Luft 107,2 × 4,78 = 512,4 l.

Nr. **32.** Die Kohle enthält in 100 g 100 — 12,67 = 87,33 g wasser- und aschenfreie Substanz, daher die Analyse:

Feuchtigkeit		5,27%
Kohlenstoff	87,33 × 0,8269 =	72,21%
Wasserstoff	87,33 × 0,0554 =	4,83%
Sauerstoff	87,33 × 0,1177 =	10,29%
Asche		7,40%.

Nr. **33.** Wir leiten zuerst die Analyse der wasser- und aschenfreien Kohle ab und finden:

Kohlenstoff	70,67%
Wasserstoff	5,74%
Sauerstoff	23,59%

Die Analyse der trockenen Kohle mit 9,60% Asche wird dann:

Kohlenstoff	63,89%
Wasserstoff	5,18%
Sauerstoff	21,33%
Asche	9,60%.

Nr. **34.** Mit 10,29 g Sauerstoff konnten 10,29 : 8 = 1,29 g Wasserstoff verbrannt werden. Daher:

Disponibler Wasserstoff	4,83 — 1,29 = 3,54%
Chemisch gebundenes Wasser . .	10,29 + 1,29 = 11,58%.

Nr. **39.** Für 12 g Kohlenstoff = 13,3 g Koks brauchen wir 4,78 × 22,4 l Luft und erhalten 22,4 l CO_2 und 3,78 × 22,4 N_2, daher Gasanalyse wie in Nr. 38.

Für einfachen Luftüberschuß wird gebraucht

$$2 \times 4{,}78 \times 22{,}4 \text{ l Luft}$$

und erhalten 22,4 l CO_2, 22,4 l O_2, 2 × 3,78 × 22,4 l N_2, in Summe 9,56 × 22,4 l Rauchgas. Daher

CO_2 in Prozenten . $\frac{100}{9{,}56} = 10{,}46\%$

O_2 „ „ . $\frac{100}{9{,}56} = 10{,}46\%$

N_2 „ „ . $\frac{756}{9{,}56} = 79{,}07\%$.

Analog für zweifachen Luftüberschuß:

$CO_2 = 6{,}98\%$ $O_2 = 13{,}95\%$ $N_2 = 79{,}07\%$.

Für dreifachen Luftüberschuß:

$CO_2 = 5{,}23\%$ $O_2 = 15{,}70\%$ $N_2 = 79{,}07\%$.

Nr. **40.** Bei theoretischer Luftmenge: $N_2 = 100\%$, weil aller Sauerstoff und Wasserstoff zu Wasser zusammengetreten ist, das bei der Gasanalyse nicht bestimmt wird. Für 2 × 22,4 l Wasserstoff werden 4,78 × 22,4 l Luft gebraucht. Daher bei einfachem Luftüberschuß an trockenen Gasen:

Stickstoff aus theoretischer Verbrennung	3,78 × 22,4 l,
Sauerstoff aus Luftüberschuß	1,00 × 22,4 l,
Stickstoff „ „	3,78 × 22,4 l.

Daher Analyse:

Sauerstoff . . $\frac{100}{8,56} = 11,7\%$

Stickstoff . . $\frac{7,56}{8,56} = 88,3\%$.

Für zweifachen Luftüberschuß:

Sauerstoff . . . . $2 \times 22,4$ l
Stickstoff . . . . $3 \times 3,78 \times 22,4$ l.

Daher Analyse:

Sauerstoff 14,9%
Stickstoff . . . . 85,1% usw.

Nr. **42.** Die Kohle enthält 5,55% Asche. Auf 1 g Asche kommt im Rostdurchfall 24,25 : 75,75 = 0,321 g Kohlenstoff. Also auf 5,55 g Asche 1,78 g Kohlenstoff. Es verbleiben von 100 g Kohle für die Verbrennung:

Kohlenstoff . 50,12 — 1,78 = 48,34 g
Wasserstoff . . . . 4,06 g
Sauerstoff . . . . 13,14 g.

48,34 g Kohlenstoff geben $(48,34 : 12) \times 22,4$ l Kohlensäure = 90,3 l.

Nr. **43.** 48,34 g Kohlenstoff brauchen . . . . $(48,34 : 12) \times 22,4$ l Sauerstoff.
2,42 g disponibler Wasserstoff brauchen . . . . $(2,42 : 4) \times 22,4$ l ,,

Daraus durch Multiplikation mit 4,78 die Luftmenge $= 22,18 \times 22,4$ l.

Nr. **45.**

Für 72,21 g Kohlenstoff brauchen wir	6,02 Mole Sauerstoff
,, 3,54 g disponiblen Wasserstoff	0,88 ,, ,,
	6,90 Mole Sauerstoff.
6,90 Mole Sauerstoff aus Luft bringen mit	26,08 Mole Stickstoff
6,02 Grammatome Kohlenstoff geben	6,02 ,, Kohlensäure
	32,10 Mole Rauchgas

oder in 100 Molen trockenen Rauchgases:

Kohlensäure . . . . . . 18,75 Mole
Stickstoff . . . . 81,25 „

Nr. 52. Menge des Wassers: 20,34 kg. Zur Erwärmung von 1° C werden verbraucht 20,34 Kal. Das Wasser wird um 2,3° C erwärmt. Daher zugeführt 20,34 × 2,3 = 46,78 Kalorien.

Nr. 69. Aus 100 g Ruhrkohle entstehen nach Beispiel 44 an Rauchgasen:

Kohlensäure . . . . . . 6,02 Mole
Wasserdampf . . . . . 2,71 „
Stickstoff . . . . 26,08 „

Die einfache Luftmenge beträgt 32,98 Mole. Der untere Heizwert 6843 Kal.

Daher für Verbrennung mit theoretischer Luftmenge:

	Bei 200° C		Bei 300° C		Bei 400° C	
	In Kal	In %	In Kal	In %	In Kal	In %
In 6,02 Molen Kohlensäure .	11,40	} 2,3	17,61	} 3,6	24,14	} 4,9
In 2,71 Molen Wasserdampf	4,54		6,82		9,13	
In 26,08 Molen Stickstoff . .	34,90		52,77		70,72	
	50,84	7,4	77,20	11,4	103,99	15,2

Bei einfachem Luftüberschuß:

	Bei 200° C		Bei 300° C		Bei 400° C	
	In Kal	In %	In Kal	In %	In Kal	In %
Im theor. Rauchgas	50,84		77,20		103,99	
In 32,98 Molen Luft	44,13		66,73		89,68	
	94,97	13,8	143,93	21,0	193,67	28,3

Bei zweifachem Luftüberschuß:

	Bei 200° C		Bei 300° C		Bei 400° C	
	In Kal	In %	In Kal	In %	In Kal	In %
Im theor. Rauchgas	50,84		77,20		103,99	
In 65,96 Molen Luft	88,26		133,46		179,36	
	139,10	20,3	210,66	30,8	283,35	41,4

Bei dreifachem Luftüberschuß:

	Bei 200° C		Bei 300° C		Bei 400° C	
	In Kal	In %	In Kal	In %	In Kal	In %
Im theor. Rauchgas	50,84		77,20		103,99	
In 98,94 Molen Luft	132,39		200,19		269,04	
	183,23	26,8	277,39	40,5	373,03	54,5

Anhang.

Zusammensetzung der Rauchgase bei vollkommener Verbrennung.

Die Analyse einer Kohle weise C% Kohlenstoff und H_d% disponiblen Wasserstoff auf.

Zur Verbrennung von 100 g der Kohle ist an Sauerstoff notwendig:

$$\begin{array}{lr} \text{Für C} \ldots\ldots & \frac{C}{12} \text{ Mole} \\ \text{,, } H_d \ldots\ldots & \frac{H_d}{4} \text{ ,,} \\ \hline \text{Summe} & \frac{C + 3\,H_d}{12} \text{ Mole.} \end{array}$$

An trockenen Rauchgasen entstehen somit bei theoretischer Luftmenge:

$$\begin{array}{lr} CO_2 \ldots\ldots & \frac{C}{12} \text{ Mole} \\ N_2 \ldots\ldots & 3{,}78 \cdot \frac{C + 3\,H_d}{12} \text{ ,,} \\ \hline \text{Summe} & \frac{4{,}78\,C + 11{,}34\,H_d}{12} \text{ Mole.} \end{array}$$

In diesen Gasen bildet die Kohlensäure

$$\frac{100\,C}{4{,}78\,C + 11{,}34\,H_d} \text{ Prozente} = \%\,CO_{2\,Max.}$$

Bezeichnen wir den Quotienten $\frac{H_d}{C}$ mit m, so ist:

$$\% \, CO_{2\,\mathrm{Max}} = \frac{100}{4{,}78 + 11{,}34\, m}.$$

Nach dieser Formel ist Tabelle 2 errechnet.

Wird nun die Kohle mit einem Luftüberschuß verbrannt, so mischen sich den Rauchgasen die überschüssigen Luftmengen bei. Diese sind $\chi \cdot 4{,}78 \frac{C + 3\, H_d}{12}$, wobei χ der Luftüberschußkoeffizient ist. Wir finden dann:

$$\% \, CO_2 = \frac{100\, C}{4{,}78\, C + 11{,}34\, H_d + 4{,}78 \cdot \chi\, (C + 3\, H_d)}$$

oder

$$\% \, CO_2 = \frac{100}{4{,}78\, (\chi + 1)\, (1 + 3\, m) - 3\, m}$$

und

$$\% \, O = \frac{100\, \chi\, (1 + 3 m)}{4{,}78\, (\chi + 1)\, (1 + 3\, m) - 3\, m}$$

Man erkennt leicht, daß die $\% \, CO_2$ bzw. O und χ in so voneinander abhängig sind, wie die Koordinaten einer an die Asymptoten bezogenen Hyperbel. Wir wollen die Lage dieser Asymptoten ermitteln. Für $\chi = \infty$ wird $\% \, CO_2$ gleich 0. Deshalb ist die Achse der χ eine der Asymptoten. Für die andere muß $\% \, CO_2$ gleich ∞ werden, d. h. der Nenner des Bruches 0. Somit:

$$4{,}78\, (\chi + 1)\, (1 + 3\, m) - 3\, m = 0\,,$$

$$\chi = \frac{3\, m}{4{,}78\, (1 + 3\, m)} - 1 = a\,.$$

Da m stets kleiner wie 1, so bleibt dieses a stets negativ, d. h. es liegt der Mittelpunkt der Hyperbel links vom Ursprung unserer Zeichnung. Aus der Zeichnung ergibt sich nun für den CO_2-Gehalt beim Luftüberschuß χ:

$$\% \, CO_{2\,\mathrm{Max}} : \% \, CO_2 = a + \chi : a$$

und somit

$$\% \, CO_2 = \frac{a \cdot \% \, CO_{2\,\mathrm{Max}}}{a + \chi}$$

substituieren wir für a und $\% CO_{2Max}$, so finden wir, weil a negativ zu zählen ist,

$$\% CO_2 = \frac{\dfrac{-m - 4{,}78\,(1 + 3\,m)}{4{,}78\,(1 + 3\,m)} \cdot \dfrac{100}{4{,}78 + 11{,}38\,m}}{\dfrac{-m + 4{,}78\,(1 + 3\,m) + \chi \cdot 4{,}78\,(1 + 3\,m)}{4{,}78\,(1 + 3\,m)}}$$

$$= \frac{\dfrac{100 \cdot (4{,}78 + 11{,}38\,m)}{4{,}78 \cdot 11{,}38\,m}}{4{,}78\,(\chi + 1)\,(1 + 3\,m) - m}$$

$$= \frac{100}{4{,}78\,(\chi + 1)\,(1 + 3\,m) - m}$$

in Übereinstimmung mit der früher entwickelten Formel. Ähnlich läßt sich die Konstruktion für die Sauerstoffkurve durchführen.

Zusammensetzung der Rauchgase bei unvollständiger Verbrennung.

Wir nehmen an, daß aller Kohlenstoff zu CO_2 und CO verbrennt, aller Wasserstoff zu H_2O. Bezeichnen die Buchstaben C, C_v, C_u, H_d, N die per 100 g Kohle ins Spiel kommenden Mengen von Kohlenstoff, der zu CO_2 verbrannt wird, und solchem, der CO bildet, disponiblen Wasserstoff und Stickstoff, so finden wir:

Es werden per 100 g Kohle an Sauerstoff gebraucht:

für die Bildung von CO_2	$\frac{C_v}{12}$ Mole
„ „ „ „ CO	$\frac{1}{2} \cdot \frac{C_u}{12}$ Mole
„ „ „ „ H_2O aus H_d	$\frac{1}{2}\,\frac{H_d}{2}$ Mole
Summe	$\frac{2\,C_v + C_u + 6\,H_d}{24}$ Mole.

Die Sauerstoffmenge bei vollständiger Verbrennung wär:

$$\frac{2\,C + 6\,H_d}{24} \text{ Mole.}$$

Bezeichnet man die für die unvollständige Verbrennung zur Verwendung kommende Luftmenge im Verhältnis zu der für die vollständige Verbrennung notwendige mit L, dann ist:

$$\frac{2\,C_v + C_u + 6\,H_d}{24} : \frac{2\,C + 6\,H_d}{24} = L\,.$$

Nun ist $C_u + C_v = C$

und somit $2\,C + 6\,H_d - C_u = L \cdot (2\,C + 6\,H_d)$,

und daraus

$$C_u = (1 - L)\,(2\,C + 6\,H_d) = 2\,C\,(1 - L)\,(1 + 3\,m)\,,$$

worin $m = \frac{H_d}{C}$.

Darin bedeutet C Gramme Kohlenstoff. Beim Verbrennen von 1 g Kohlenstoff gewinnen wir 8,1 Kal., wenn wir zur Kohlensäure verbrennen dagegen nur 2,4 Kal. Wir erleiden demnach pro 1 g C_u einen Verlust von 5,7 Kal. und für den gesamten C_u

$$5{,}7\,C_u = 11{,}4\,C\,(1 - L)\,(1 + 3\,m)\,,$$

d. i. in Prozenten, wenn der Brennwert der Kohle W beträgt:

$$100 \cdot \frac{5{,}7\,C_u}{W} = 100 \cdot \frac{11{,}4\,C\,(1 - L)\,(1 + 3\,m)}{W}\,.$$

Der Brennwert der Kohle ist annähernd gleich zu setzen 8,1 C und so wird:

$$100 \cdot \frac{5{,}7\,C_u}{W} = 100 \cdot \frac{11{,}4}{8{,}1}\,(1 - L)\,(1 + 3\,m)$$

$$= 140\,(1 - L)\,(1 + 3\,m)\,.$$

Daraus ergibt sich für:

$m = 0$ % Verlust $= 140\,(1 - L)$

$m = 0{,}02$ % „ $= 148\,(1 - L)$

$m = 0{,}05$ % „ $= 161\,(1 - L)$ usf.,

womit das Rechenverfahren auf Seite 126 begründet ist.

Empfehlenswerte, einschlägige Literatur.

A. Dosch, Brennstoffe, Feuerungen und Dampfkessel.
Paul Fuchs, Generator-Kraftgas und Dampfkessel-Betrieb.
H. v. Jüptner, Chemische Technologie der Energien.
H. Deegener, Chemisch-technische Rechnungen.
Feuerungstechnik, Zeitschrift für den Bau u. Betrieb feuerungstechn. Anlagen.
Cl. Winkler, Lehrbuch der technischen Gasanalyse.
F. Fischer, Chemisch-technologisches Rechnen.
Wa. Ostwald, Beiträge zur graphischen Feuerungstechnik.

Alphabetisches Register.

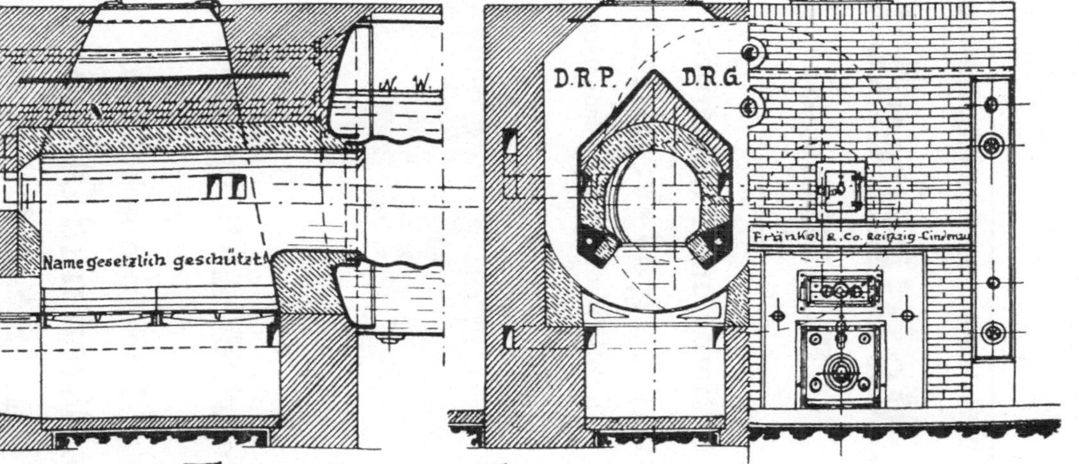
Fränkel & Co. Leipzig-Lindenau.
Gegründet 1878.
W. W.
Name gesetzlich geschützt!
D.R.P.
D.R.G.
Fränkel & Co. Leipzig-Lindenau
P. Örtel
Original-Fränkel-Feuerung zur Verbrennung von Rohbraunkohle, Torf, Lohe, Sägespäne u.s.w.

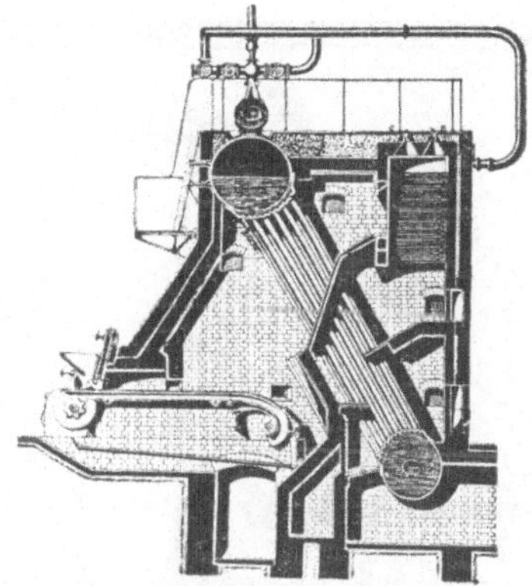

Gasgenerator
U. BRAUNKOHLENVERWERTUNG G·M·B·H·
LEIPZIG

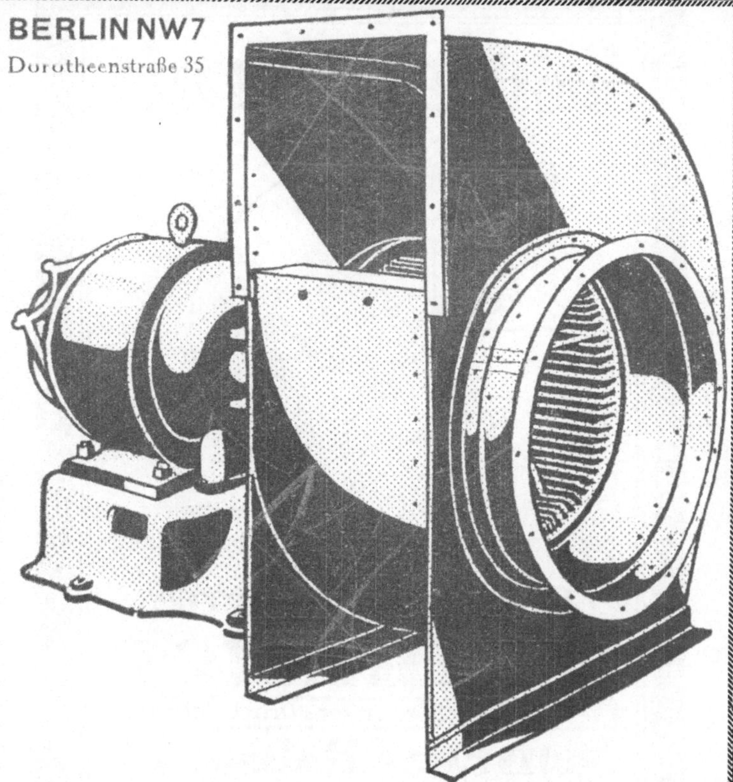

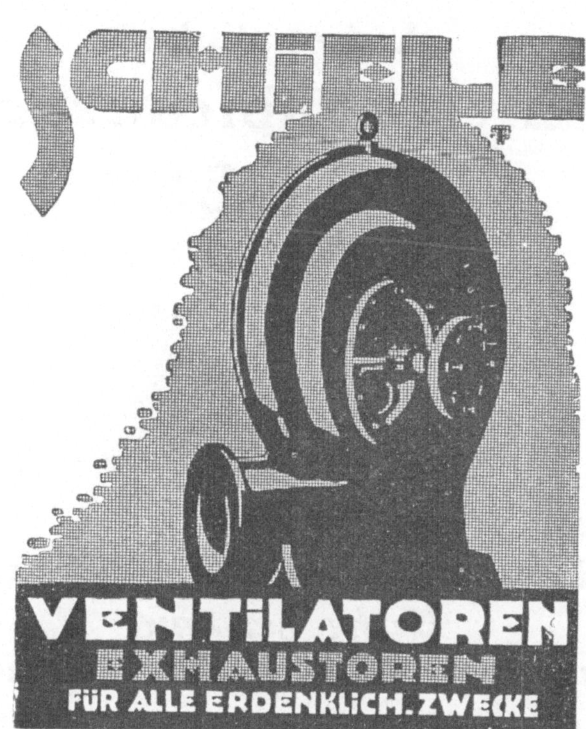
SCHIELE
VENTILATOREN
EXHAUSTOREN
FÜR ALLE ERDENKLICH. ZWECKE